城市居民再生水回用行为特征及驱动策略研究

刘晓君　付汉良　侯彩霞　李　莉　著

本书出版得到国家自然科学基金面上项目“城市居民再生水回用行为特征及驱动策略研究”（71874135）的资助

科学出版社
北　京

内 容 简 介

水资源的贫瘠和污染造成了我国水资源的稀缺。在这双重背景下，再生水回用蕴藏巨大潜力，对优化供水结构、缓解供需矛盾和减少水污染具有重要意义。但是在实践中，再生水回用却面临居民对再生水缺乏了解，形成负面刻板印象，接受意愿低等诸多问题。本书在大量调查研究、科学论证及实验模拟的基础上，确定了城市居民再生水回用行为的影响因素及不同因素与特定再生水回用行为之间的本质联系及相互作用机理，给出了有据可依且可供业界、学界和政府相关部门参考的再生水回用行为组合驱动策略。

本书可作为政府部门设计和实施城市再生水回用推广策略的参考依据，也可作为高等院校科研人员和再生水回用领域相关技术人员的参考用书，还可供工程与经济管理等相关专业领域的本科生、研究生研读。

图书在版编目（CIP）数据

城市居民再生水回用行为特征及驱动策略研究 / 刘晓君等著. —北京：科学出版社，2023.6

ISBN 978-7-03-074417-3

Ⅰ. ①城… Ⅱ. ①刘… Ⅲ. ①再生水－水资源利用－研究－中国 Ⅳ. ①TV213.9

中国版本图书馆 CIP 数据核字（2022）第 252195 号

责任编辑：王丹妮 / 责任校对：贾娜娜
责任印制：张 伟 / 封面设计：有道设计

科 学 出 版 社 出版
北京东黄城根北街 16 号
邮政编码：100717
http://www.sciencep.com
北京盛通商印快线网络科技有限公司 印刷
科学出版社发行 各地新华书店经销
*
2023 年 6 月第 一 版 开本：720×1000 1/16
2023 年 6 月第一次印刷 印张：10 1/2
字数：212 000

定价：118.00 元

（如有印装质量问题，我社负责调换）

前言

城市水资源短缺及水环境污染已成为21世纪我国新型城镇化及社会经济可持续发展的瓶颈。再生水作为替代水源的一种，可同时解决水资源紧缺和水环境污染问题，相较于其他替代水源具有诸多优势。如今，污水处理技术飞速发展，生产出来的再生水可以满足广泛用途的水质标准，但其应用于与公众日常生活相关领域时，出现了公众抵触再生水回用的社会科学问题，而学界关于再生水回用行为与影响因素关系的研究成果呈现碎片化的分布，不足以系统化、条理化地支撑城市居民再生水回用驱动策略。基于以上问题，本书以迫切需要寻找替代水源的西北干旱缺水城市居民再生水回用行为作为切入点，首先，从不同变量对城市居民再生水回用行为的影响着手，寻找出关键影响因素；其次，建构基于结构方程模型的解释结构模型，解释不同影响因素的内在联系，确定不同影响因素与特定再生水回用行为之间的本质联系及相互作用机理；最后，根据关键影响因素及作用机理，通过实验分析，有针对性地制定引导公众再生水回用行为的组合驱动策略。本书主要研究成果如下。

1. 基于扎根理论梳理出了居民再生水回用行为的影响因素

为了探究影响城市居民再生水回用行为的影响因素，项目组通过深度访谈获取居民再生水回用行为的原始数据，并基于扎根理论，对原始资料进行概括、归纳，通过开放式编码、主轴编码、选择性编码，对概念之间的联系建构起相关的理论框架并进行了理论饱和度检验。研究发现，影响城市居民再生水回用行为的因素包括需求侧、供给侧、外部环境三个方面。需求侧影响因素包括潜在用户属性、心理意识、行为能力；供给侧影响因素包括再生水回用、生产工艺等工程技术对居民再生水回用接受程度的影响；外部环境影响因素包括信息公开及再生水知识普及在内的政府治理因素，以及与再生水回用相关的社会规范及再生水回用设施建设情况在内的情境因素。

2. 基于结构方程模型建立再生水回用行为影响因素解释结构模型

为了确定不同影响因素与再生水回用行为之间的作用机理并挖掘再生水回用解释结构模型，项目组通过问卷抽样调查获取原始数据，并利用统计分析、结构方程等分析方法，对原始数据进行假设检验，并基于假设检验结果构建邻接矩阵，建立再生水回用行为解释结构模型，明确了影响因素与再生水回用行为间的作用机理。研究发现，影响再生水回用行为的因素包括四个层级：第一层因素包括节水意识、价格感知、风险感知、政府信任、公众情绪、行为控制、了解程度；第二层因素包括家庭结构、污水来源、收入水平、教育水平、处理技术、再生水回用用途、再生水品质、水环境保护意识、设施建设、主观规范；第三层因素包括水环境问题感知、年龄、性别、社会规范；第四层因素包括信息公开、再生水知识普及、水资源缺乏经历。在所有居民再生水回用行为影响因素中，政府治理主范畴中的信息公开、再生水知识普及和情境因素主范畴中的社会规范是最重要的驱动因素，它们不受其他因素的影响，是从源头上作用于居民再生水回用行为的重要自变量。在第一层和第三层中，包括水环境问题感知、水环境保护意识、风险感知等在内的心理意识主范畴因素是链接第四层与再生水回用行为的重要中介因素。

3. 基于实验仿真驱动策略效果，提出引导居民再生水回用行为的组合驱动策略

基于再生水回用行为解释结构模型，项目组针对社会规范、信息公开和再生水知识普及三个关键因素设计社会规范情境、信息公开、示范引导、环保动机激发和再生水知识普及五种驱动策略，并通过脑电、眼动等实验工具分别模拟驱动策略对再生水回用行为的作用效果。研究发现：社会规范情境型政策对居民再生水回用行为产生显著影响，并且群体认同会促使形成积极使用再生水的社会规范；信息公开型政策可以有效促进居民接受再生水回用，但是当再生水与人体接触程度较高时，居民会更关注再生水的生产流程信息而不是环境信息；示范引导型政策对于各类型再生水回用行为均具有良好的引导效果；环保动机激发型政策适用于高人体接触程度的再生水回用类型；再生水知识普及型政策适用于低人体接触程度的再生水回用类型，且对于不同再生水回用行为的作用效果呈现随其与人体接触程度的升高而减弱的规律。以上研究结论启示人们要根据再生水回用场景灵活组合驱动策略。

本书受到国家自然科学基金面上项目（71874135）的资助，项目组对国家自然科学基金委员会及各位专家对解决西部干旱缺水问题的关注和对西部高校基础研究工作的支持表示衷心的感谢。

在本书的撰写过程中，课题组的博士研究生丁一喆、何玉麒，硕士研究生陈

诗祺、李丽丽、高子倩、刘浪，西安建筑科技大学的王萌萌博士后，内蒙古科技大学的丁超教授，也为本书研究做出了很大的贡献，在此一并致以衷心的感谢。

在本书的撰写过程中，西安建筑科技大学管理学院、陕西省哲学社会科学重点研究基地“新时代陕西人居环境与美好生活共建共享研究基地”、陕西省软科学研究基地“科技园区绿色发展”在研究条件保障方面给予了大力支持，陕西省生态环境厅、陕西省环保志愿者联合会为本书项目组研究工作的展开提供了资料方面的支持，在此表示衷心的感谢。

刘晓君

2022年10月22日

目　录

第1章　绪　　论

1.1　我国水资源现状及问题分析

我国水资源的贫瘠和污染造成了水资源的稀缺。一是北方地区受水资源自然条件制约，物理量相对于需求量不足，造成资源性缺水，如北京市、天津市、河北省；二是城市化进程加快，人口过度聚居，造成水资源承载力不足；三是水污染加剧，江河水库水质下降导致水质性缺水。2020 年我国有 17 个省级行政区处于水资源紧张警戒线之下，地区人口占比达 63.83%，其中共有 11 个省级行政区处于缺水警戒线之下，地区人口占比达 38.59%[1]。

1. 水资源自然条件制约

水资源不仅是基础性的自然资源，也是战略性的经济资源。全世界的水资源总量中，只有 2.5%是淡水，且来自冰川融雪、地下水及地表径流的水资源仅占淡水资源总量的 1%。我国的“一带一路”倡议已迈入重要阶段，水资源紧缺使得“一带一路”沿线国家经济贸易往来、社会发展进步受到了严峻的挑战[2]。同时，随着我国城市化进程的逐渐加快，社会生产力的逐步提升，我国对水资源的需求逐年上升，水资源的开发力度逐年加大，产生了区域地下水位下降、城市地面沉降、大量河流断流等一系列问题[3]。我国为全球 13 个贫水国之一，水资源短缺已对我国社会经济的可持续发展构成严重威胁。

我国水资源总量约占世界水资源总量的 6%，人均水资源占有量排在世界末位[4]，约是世界人均水资源占有量的 1/4，其中黄河、淮河、海河三大流域人均水资源不足世界人均水资源占有量的 1/17，远低于国际公认的人均极度缺水标准（人均水资源低于 500 立方米为极度缺水）。《中国水资源公报 2018》[5]显示，2018 年全国水资源总量为 27 462.5 亿立方米，比 2017 年减少 4.5%。其中，地表水资源量为 26 323.2 亿立方米，比多年的平均值少 1.4%，比 2017 年少 5.1%。西北地区总面积占全国的35.9%，却只拥有5.7%的水资源总量[6]。

西北地区属于温带干旱区，降水极少，水资源匮乏，水生态系统极为脆弱。西北地区水资源风险水平极高，受自然本底较为脆弱和人类活动双重影响，该区域水资源风险呈现出以水量严重短缺、水生态退化为主，多种问题相互交织的总体态势[4]，水资源对于社会经济发展的制约作用更加明显。因此，寻找自然水资源的替代品便成为当前我国，尤其是西北干旱缺水地区的主要任务之一。

2. 城市化进程加快

我国城市化水平稳步提高，城市人口规模不断扩张。如图 1.1 所示，根据国家统计局的公开数据，自1953年开始，我国城镇人口呈现逐年上升趋势。根据第七次全国人口普查结果，居住在城镇的人口占全国总人口的 63.89%。与 2010 年第六次全国人口普查结果相比，城镇人口比重上升了 14.21 个百分点。

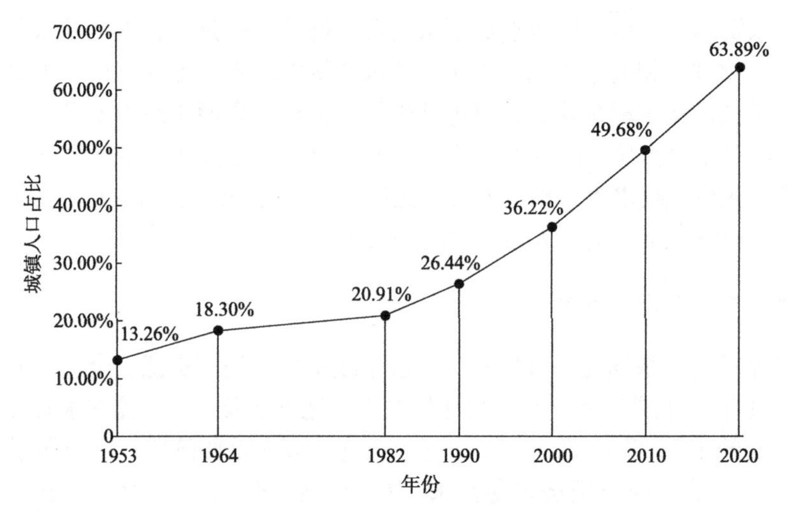

图 1.1　人口普查城镇人口比重

城镇化进程加快使得城市人口激增，势必导致用水量不断增加，这使得本来就不丰富的水资源更加紧张。现阶段我国正常年份缺水量超过 500 亿立方米，2/3 的城市面临着缺水问题，全国600多座城市中，有400余座城市缺水，110座城市严重缺水[6]。人口的聚集导致用水量增加的同时，也带来大量的生活污水。如果能将此污水资源处理后合理利用，即再生水回用，将极大缓解我国缺水城市的供水压力，提升其水资源承载力。

3. 水污染加剧

水资源污染进一步加剧了我国缺水问题。供养了全世界 1/15 人口的长江，其中游地区的人口密度和废水流量都很高[7]。根据中华人民共和国生态环境部 2020 年 6 月发布的《2019 中国生态环境状况公报》[8]，虽然黄河流域的水质情况近年来逐渐好转，但相较于一般流域 40%的生态警戒线，黄河流域水资源开发利用率达 80%，造成湿地环境退化、用水量过高、污水废水清洁治理能力差等问题，对流域生态环境影响依然显著[9]。同时，从国务院公布的统计数据看，全国 35 个重点监控的湖泊中，有 17 个被严重污染，这些河流湖泊中的水体基本不适用于农业灌溉。90%以上城市水域也遭到了不同程度的污染，50%以上的城镇水源不符合饮用水标准，40%以上的水源不能直接饮用[10]。

在经济高速增长过程中，水资源污染、浪费等现象极为严重，90%的地下水遭到不同程度的污染，各类水污染事件时有发生。常规的城市污水收纳处理系统在面对当前我国城市水体污染的治理时显得力不从心[11]。面对这个普遍而又急需解决的问题，我国高度重视水环境和水生态的建设。2006 年启动“水体污染控制与治理”国家科技重大专项。2015 年 4 月，《水污染防治行动计划》[12]出台，使治水成为国家层面前所未有的大业，也为水生态文明建设提供了制度保障。2018 年 1 月，新修订的《中华人民共和国水污染防治法》正式实施[13]。同年，环境保护部印发《排污许可管理办法（试行）》[14]，规定了排污许可证核发程序等内容，为改革完善排污许可制迈出了坚实的一步[15]。2021 年 1 月，国务院发布了《排污许可管理条例》[16]，标志着以排污许可制为核心的固定污染源监管制度体系建设进入法治化发展的新阶段。现阶段，在严格的污水排放制度约束下，运用污水处理技术通过生产再生水对污水资源进行重复利用，也是我国为减少污水排放量而进一步探索的重要路径之一。

1.2 再生水回用的客观必然性和政策执行情况

1. 我国再生水回用的客观必然性

再生水作为替代水源的一种，由于可同时解决水资源紧缺和水环境污染问题，相较于其他替代水资源具有诸多优势。首先，由于再生水经由污水处理而成的特点，再生水作为水源比依赖于降水量的天然水源更为稳定，相较于远距离调水、海水淡化等其他的水源获取方式，再生水的生产过程更加节能；其次，使用再生水作为天然水资源的替代品，还能有效地缓解由于人类活动而造成的土壤酸化、全球变暖及水体富营养化等问题；最后，将再生水用于含蓄湿地，甚至还能产生调洪蓄洪、哺育鱼苗的作用[17]。正因为再生水所具备的种种优点，如今再生水回用已经在全世界范围内得到了广泛认可，并被作为同时缓解社会经济发展中水资源短缺和水环境污染问题的最有效办法。

2021年1月4日，国家发展和改革委员会、科学技术部、工业和信息化部等十部门联合发布《关于推进污水资源化利用的指导意见》[18]提出“到2025年，全国污水收集效能显著提升……全国地级及以上缺水城市再生水利用率达到25%以上，京津冀地区达到35%以上……到2035年，形成系统、安全、环保、经济的污水资源化利用格局”的总体目标。在水资源紧缺和水环境污染约束及政策大环境的协同驱动下，构建水资源循环利用系统进而提升再生水回用效率势在必行。但是，我国城市再生水利用率增长速度远低于城市污水处理效率。依据住房和城乡建设部《2020年城乡建设统计年鉴》，2020年我国城市污水排放量约为571亿立方米，城镇污水处理量约为557亿立方米。市政再生水利用量仅约为135亿立方米[19]，再生水回用仍然具有巨大潜力。

2. 我国再生水回用相关政策及执行情况

我国在关于再生水回用中涉及的再生水生产工艺、技术经济政策等方面，取得了丰富的实验数据，并在大量生产性实验中得到了良好的应用，为《水回用导则 再生水分级》[20]、《建筑中水设计标准》[21]和《城镇污水再生利用工程设计规范》[22]等污水再生利用技术标准制定提供了科学依据，并为污水再生利用在我国的推广打下了坚实的基础。“十一五”、“十二五”及“十三五”全国城镇污水处理及再生利用设施建设规划更是将对再生水回用的重视提高到了国家意志层面。2006年，建设部及国家发展和改革委员会印发的《节水型城市申报与考核办法》[23]和《节水型城市考核标准》[23]提出以再生水利用率评估城市再生水回用情况，节水型城市评估指标包括城市再生水利用率≥20%。此后各地也相继出台相关政策法规，配合中央关于再生水回用的推广规划，大力提高城市再生水回用率。表1.1列举了典型缺水城市促进再生水回用的相关文件。

表1.1 典型缺水城市促进再生水回用的相关文件

城市	发文时间	文件名称
西安市	2011年9月1日	西安市“十二五”水污染治理实施方案
	2015年6月23日	西安市新型城镇化建设实施方案（2015年）
	2016年8月25日	西安市水污染防治2016年度工作方案
	2017年4月27日	西安市水污染防治2017年度工作方案
	2018年9月14日	西安市创建国家节水型城市实施方案
	2019年12月20日	西安市城镇污水处理提质增效三年行动实施方案（2019—2021年）

续表

城市	发文时间	文件名称
西安市	2021年1月18日	西安市城市污水处理和再生水利用条例
白银市	2017年3月29日	白银市“十三五”环境保护规划
	2017年6月4日	白银市城市（县城）生活污水处理厂运营达标和生活垃圾无害化处理设施建设突破行动实施方案
	2018年1月30日	白银市2018年度水污染防治工作方案
	2019年2月11日	白银市2019年度水污染防治工作方案
	2019年9月12日	白银市城市（县城）污水处理提质增效三年行动实施方案（2019-2021年）
铜川市	2011年4月22日	铜川市国民经济和社会发展第十二个五年规划纲要
	2016年8月23日	铜川市水污染防治工作实施方案
	2017年5月17日	铜川市水污染防治工作2017年度实施方案
	2019年12月30日	铜川市城镇污水处理提质增效三年行动工作方案（2019—2021）
	2020年8月12日	铜川市蓝天保卫战2020年工作方案
忻州市	2014年9月10日	忻州市加快城镇污水处理设施建设确保“十二五”城镇生活源减排任务完成实施方案
	2017年8月9日	忻州市贯彻落实《促进中部地区崛起“十三五”规划》实施方案
	2017年9月28日	全市城乡污水垃圾治理行动方案
	2020年5月9日	忻州市落实国家节水行动实施方案

图1.2中展示了典型缺水城市2010~2021年再生水利用率规划指标制定的趋势，在再生水推广进程顺利的情况下，再生水利用率规划指标应呈逐年上涨趋势。但从现有情况来看，再生水利用率指标预计完成年份推迟的情况时有发生，这意味着我国污水资源再生利用推广仍存在桎梏。

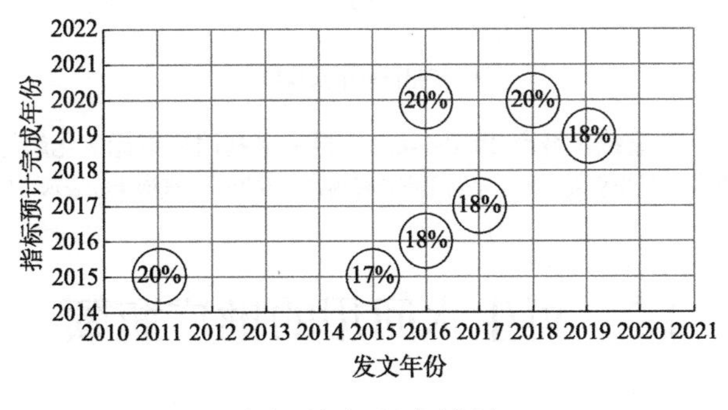

（a）西安市再生水利用率

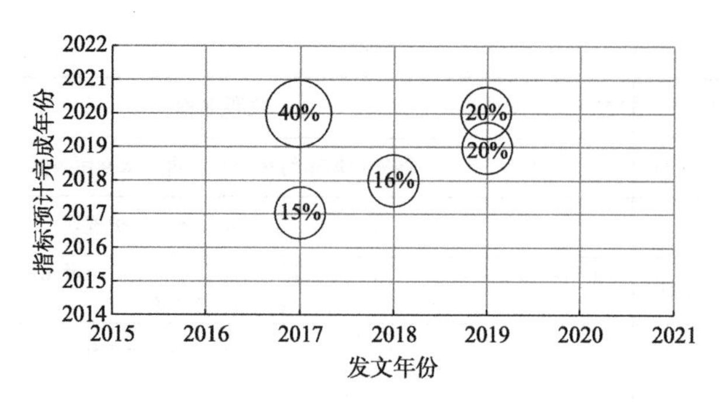

（b）白银市再生水利用率

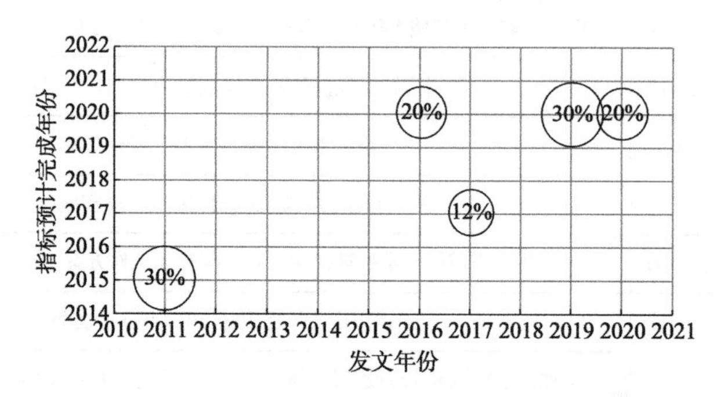

（c）铜川市再生水利用率

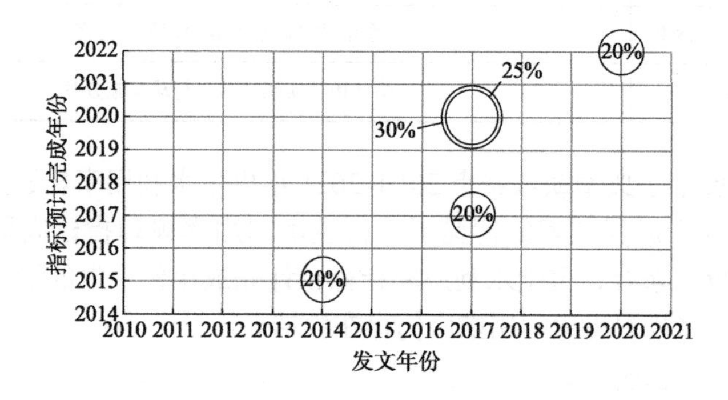

（d）忻州市再生水利用率

图 1.2 典型缺水城市 2010~2021 年再生水利用率指标变化趋势图

横坐标表示文件发布年份，纵坐标表示再生水利用率指标预计完成年份，气泡半径表示再生水利用率指标大小

1.3 再生水回用的推广瓶颈

再生水回用在我国方兴未艾，但由于起步时间较晚，当前我国再生水回用

率平均不到16%，与其他发达国家70%的再生水回用率相比仍处于较低水平[24]。通过大量的调查发现，再生水利用率指标推迟预计完成的主要原因是居民对再生水的接受程度较低，进而导致再生水回用发展缓慢，主要表现在以下三个方面。

1. 居民对再生水的关注度不高

项目组利用网络爬虫技术，借助“再生水”“污水回用”关键词搜索并追踪了微博平台中的相关用户及帖子信息。选择微博平台，是因为在微博网络空间中，居民的表达是主动性的、匿名的，居民可以毫无障碍地充分表达自己的真情实感。项目组搜索了2015~2020年在微博平台上发表的再生水相关的帖子及其关注者信息，结果如图1.3所示。数据显示，从2015年7月开始，帖子数量和关注人数都开始波动上升，在2017年达到顶峰。随后，关于再生水的热度开始下降，直至2019年末，帖子数量才又重新上升。居民关注变化趋势与国家政策颁发时间基本吻合，关注人数变化有一定的延迟，2015年4月，国务院印发《水污染防治行动计划》（简称“水十条”），引起了居民对水资源的重视，再生水走入大众视野。2016年底，水处理行业迎来了一份重磅政策《“十三五”全国城镇污水处理及再生利用设施建设规划》，这份文件是“水十条”的后续规划。“水十条”及其后续规划的颁布引起了一定的关注度，但是在整个研究期内，帖子数量<110（篇），关注人数<2 000（人），居民关注度不高。

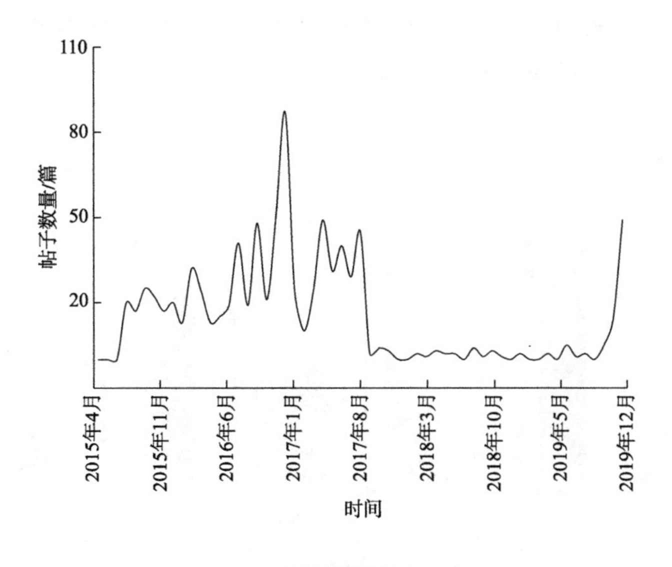

（a）帖子数量

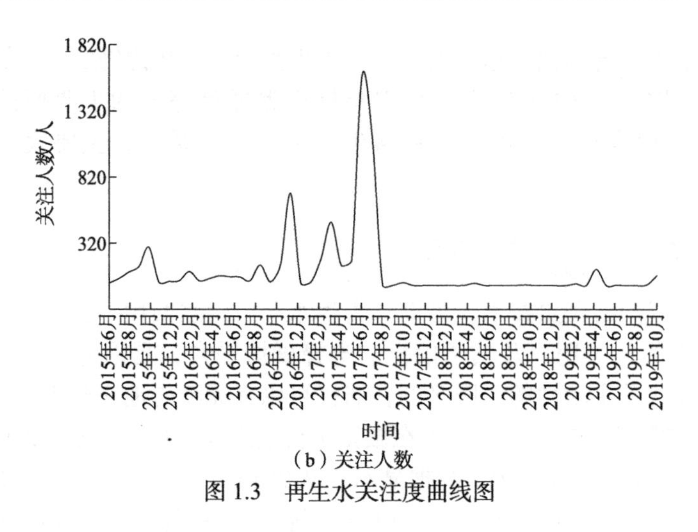

（b）关注人数

图 1.3 再生水关注度曲线图

2. 居民对再生水回用持观望态度

项目组于 2020 年 5 月至 2020 年 7 月对陕西省再生水回用实际推广情况进行了调研。本次调研参考《城市污水再生利用分类》[25]中的分类标准，选取“造林育苗”“景观用水”“道路冲洒”“厕所冲洗”“车辆冲洗”“消防用水”六类回用方式作为城市再生水回用的用途范围，采用问卷调查法收集陕西省居民对此六类再生水回用用途的接受意愿，除个人信息收集外其余问卷题目回答均采用 5 级利克特（Likert）量表。最后根据调研结果，选取部分居民开展小范围访谈。调研共计回收有效调研问卷 554 份。对调研过程中获取的与本章研究内容相关的数据进行统计分析，结果如图 1.4 所示。

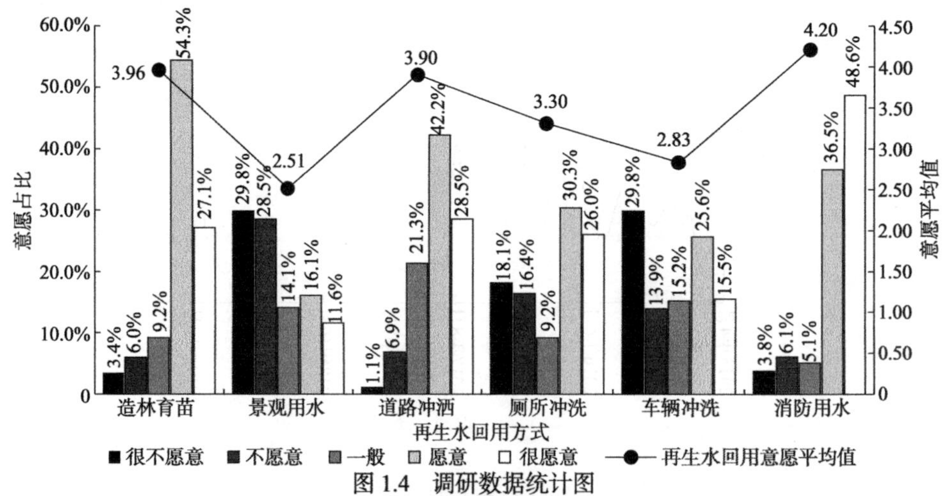

图 1.4 调研数据统计图

再生水回用行为平均值为 5 级利克特量表的分值，1~5 分别表示“很不愿意”至“很愿意”

由于四舍五入，图中数据相加不等于 100%

（1）由居民对六类再生水回用方向的意愿平均值可知，除消防用水外，居民对于其余五类回用方向的平均回用意愿均未达到“愿意”回用的程度。居民对再生水用于“造林育苗”“道路冲洒”“消防用水”的平均意愿相对高一些，表明居民对于如“造林育苗”“道路冲洒”此类非自身直接接触或“消防用水”此类具有应急性、低频性的再生水回用方式更容易接受；而对于“景观用水”“车辆冲洗”此类与个人有直接接触或对资产可能造成损伤的回用方式接受意愿较低。

（2）居民对再生水回用接受程度低的主要原因是水质风险。调研过程中发现，大部分不愿意接受再生水回用的陕西省居民对再生水水质存有疑虑，认为现有再生水回用对人体具有潜在的健康风险，这一结论与 Crampton 和 Ragusa[26]的研究相符。然而另有证据表明，通过适当的监测和多屏障技术的保障，采用再生水回用技术所面临的居民健康风险微乎其微[27]。此类现象产生的原因主要有两点：一方面，陕西省居民对再生水回用缺乏了解，大多数参与者对其仅仅有简单的了解，有的甚至根本不了解；另一方面，水质信息披露程度极大地限制了居民对再生水品质的感知，从而降低了居民对水务部门的信任程度，提高了居民的风险感知。

3. *再生水质量差别定价难以形成对居民的激励*

再生水作为自来水的替代品，有利于同时解决水资源紧缺和水环境污染问题，可采用质量差别定价鼓励居民使用再生水，同时居民使用价低的再生水能减少自来水使用量，从而减少水费开支。然而，由于自来水作为居民生产生活的必需品，其价格直接影响居民的生活质量，尤其是低收入群体，因此我国长期以来实行低水价政策，自来水价格往往难以反映出水资源的稀缺性，甚至在部分地区难以满足水利设施的建设运营成本。与此同时，由于再生水回用生产和运输设施建设的巨额成本，以及生产过程中的成本投入，再生水价格下调空间亦十分有限。在这一情况下，希望拉大再生水与其替代品的价差，从而依靠经济层面的激励，实现对居民再生水回用行为的引导，在操作层面困难异常。

因此，在再生水居民接受意愿不高这一背景之下，如何激励居民使用再生水，提高居民的环境保护意识，改变人们对于再生水的刻板印象，消除再生水回用的陌生感，培养居民对于再生水的消费习惯，是政策制定者应当重视，也是本书研究要解决的主要现实问题。因此，本书针对我国当前再生水回用项目推广过程中的实际困难提出以下三点研究目标。

（1）通过质化研究，明确城市居民再生水回用行为的关键影响因素，揭示不同影响因素之间的内在联系。

（2）建构城市居民再生水回用行为影响因素的解释结构模型（interpretative

structural modeling，ISM），确定不同影响因素与特定再生水回用行为之间的本质联系及相互作用机理，发现西北干旱缺水地区城市居民再生水回用行为特征。

（3）基于人因实验探索再生水回用驱动策略的优化路径，提高政策制定的针对性和有效性。

第 2 章　城市居民再生水回用行为理论体系

2.1　再生水回用行为研究概述

2.1.1　供给侧因素对居民再生水回用接受意愿的影响

居民对再生水回用的接受意愿会受到再生水生产和回用过程中污水来源、污水处理方案、再生水品质及回用用途等因素的影响。

1. 再生水来源对居民接受意愿的影响

再生水经由污水处理而成，因此污水的来源会影响居民对于再生水是否安全的判断。尽管迄今仍没有直接的研究证明两者之间的关系，但 Buyukkamaci 和 Alkan 在研究中发现，居民对于将生活污水进行再生回用的接受意愿远高于工业废水[28]。此外，Jeffrey 和 Jefferson 的研究证明，相对于在社区内统一收集的污水处理而成的再生水，居民明显更愿意使用单独经由自己家庭生活污水处理而成的再生水[29]。

2. 污水处理方案对居民接受意愿的影响

相对于人工处理手段，经过自然降解的再生水更易被居民所接受，甚至仅仅在再生水用户的庭院内，建设一个小型的天然沉积池以便对再生水进行沉降，都能明显提升其对于再生水回用的接受程度[30]。对于天然降解过程，居民亦存在不同的偏好。Velasquez 和 Yanful 研究发现，居民对于经过地下蓄水层降解之后的再生水的接受程度最高，紧随其后的分别是经过水库降解的再生水及河流降解的再生水[31]。Aitken 等进一步发现经由蓄水层降解的再生水更容易被居民接受，是因为居民普遍认为天然蓄水层为再生水提供了更深度的过滤；被注入水库中的再生水的水质较为容易控制；而河流当中易混入其他污染物，故河流降解对提升居民再生水接受程度的作用要低于天然蓄水层及水库[32]。

3. 再生水品质对居民接受意愿的影响

再生水的品质亦是影响居民再生水回用接受程度的重要因素，在世界各地开展的众多关于居民再生水回用接受程度调研中，均能发现有超过一半的参与者会关注或者担心再生水的口味、颜色、气味、含盐量及有害微生物等[33]。其中，含盐量对于将再生水用于园林灌溉用途的居民的接受意愿影响最大。再生水的色度则直接影响居民是否愿意将其用于洗涤衣物及冲厕[34]。同时，再生水中可能存在的有害微生物及化学成分的残留对人体健康的潜在威胁，亦是造成居民反对再生水回用的重要原因[35]。

4. 再生水回用用途对居民接受意愿的影响

居民对于再生水回用的接受程度会受到再生水回用用途的影响，绝大多数情况下，与人体接触程度越高，居民的接受程度越低。例如，Baghapour 等在伊朗开展的研究中发现，81%的参与者赞成将再生水用于冲厕。对于将再生水用于饮用或烹饪食物，却只有 9%的参与者表示能接受[36]。在 Hurlimann 和 Dolnicar 的研究当中，更是通过比较 9 个国家居民对于不同再生水回用用途的接受程度数据，进一步验证了居民对于不同再生水回用用途的接受程度随其与人体接触程度的提高而降低[37]。

2.1.2 需求侧因素对再生水回用居民接受意愿的影响

对于主观的再生水回用居民接受意愿而言，居民心理层面对于再生水回用的认识和担忧以及居民人口统计学特征等需求侧因素亦是不容忽视的重要影响因素。

1. 厌恶感对居民接受意愿的影响

当前全世界范围内正面临着越发严重的水资源危机，再生水回用能通过将污水转变成清洁水资源而大大缓解这一危机，而居民往往会因再生水是“由厕所而来的水”（toilet to tap）的厌恶感而不接受再生水回用。这一现象早在 20 世纪 70 年代就曾被学者发现，并认为其产生原因是居民对于不洁的厌恶[38]。之后，Miller 亦对这一现象进行过探索，发现居民总是更喜好纯天然的物品，而当将再生水混入天然的河流或者湖泊以后，这些水体就变得不那么“天然”，并将居民对于再生水回用厌恶感产生的原因归结为“居民对纯天然产品的追求”[39]。在 Rozin 等的研究当中，居民对再生水回用厌恶感的成因被归结为对曾被污染过水资源根深蒂固的刻板印象，并将这一现象定义为“心理感染”（spiritual contagion）[40]。Callaghan 等对澳大利亚居民进行的调研也得出了类似结论，当提到再生水时，居民不自觉地会将再生水和不洁净、污染联系在一起[41]。

2. 水资源缺乏程度的感知对居民接受意愿的影响

在干旱缺水地区生活的人们，更容易产生推广再生水回用势在必行的观念，而这一观念对于提高居民再生水接受程度具有极其重要的作用[42]。Dolnicar 和 Hurlimann 研究发现，在干旱时期，居民对于再生水回用的接受程度相对更高，甚至有更多的居民表示愿意饮用再生水，从而证实水资源缺乏会提高当地居民对再生水的接受程度[43]。Garcia-Cuerva 等之后开展的研究则进一步证实，相对于客观的水资源缺乏情况，居民对于水资源稀缺程度的感知对其再生水回用接受程度具有更好的预测效果[44]。

3. 水环境保护意识对居民接受意愿的影响

由于再生水回用对改善生态环境的有益作用，对生态环境问题关心程度较高的人们更愿意接受再生水回用。这一现象在众多研究当中得到了证实，表现出更积极的环境态度、对保护环境具有更强责任感，以及愿意采取更多亲环境行为的人们，对再生水回用同样表现出更为积极的态度[37]。然而，水环境保护意识对于再生水回用接受程度的预测效果亦会受到再生水回用用途的影响，Po 等研究发现，水环境保护意识高的人们对于用作非饮用用途的再生水表现出更为积极的态度，但对于用作饮用用途的再生水，却并没有表现出与水环境保护意识低的人们在接受程度方面的显著区别[45]。

4. 再生水价格感知对居民接受意愿的影响

对于再生水的使用者而言，再生水的价格无疑是影响其接受意愿的重要因素。Chen 等研究发现，对当前再生水价格过高的感知，降低了居民对于再生水回用的接受程度[30]。无独有偶，Garcia-Cuerva 等的研究发现，当采用再生水回用能显著减少用户家庭用水费用时，更多的居民愿意接受再生水回用[44]。同时再生水作为自来水的替代产品，居民对其接受程度既会受到再生水自身价格的影响，同时还会受到自来水价格的潜在影响。Marks 等研究发现，当自来水价格是再生水价格两倍时，居民更愿意接受再生水回用[46]。

5. 年龄因素对居民接受意愿的影响

关于年龄对于居民再生水回用接受程度的影响，学界尚未达成共识。在众多研究当中，只有接近一半的研究发现了年龄对于居民再生水回用接受程度存在显著影响。在这些研究结论当中，主流的观点认为年轻的消费者更愿意接受再生水[47]。

6. 性别因素对居民接受意愿的影响

在超过一半的研究当中，性别被证实会影响消费者的再生水回用行为决策，其中更多的学者认为，相比于女性，男性会更愿意接受再生水回用[48]。这一结论又能从心理学研究领域中关于男性对于风险技术更为偏好的研究结论里找到理论根源[49]。

7. 受教育程度因素对居民接受意愿的影响

张炜铃和陈卫平[50]及王嘉怡等[51]分别在北京和西安开展的再生水回用居民接受程度调研中发现，居民的受教育程度与其再生水回用接受程度呈正向相关。然而，在关于居民受教育程度是否会影响其再生水回用接受程度的问题上，学界仍未有定论。例如，在Haddad等开展于美国的大规模调研中，并未发现受教育程度对居民再生水回用接受程度有显著影响[52]。

8. 收入因素对居民接受意愿的影响

关于收入对居民再生水回用接受程度的影响效果，学界亦曾有争论。但在近年来的众多研究当中，这一影响效果却得到了反复的验证。在一项由中国人民大学开展的关于天津市民再生水回用接受意愿的调研当中发现，收入水平较高的市民对于再生水回用的接受意愿也相对较高[53]，之后Garcia-Cuerva等[44]的研究进一步证实了收入对再生水回用接受意愿的正向影响效果。

9. 意识形态因素对居民接受意愿的影响

再生水回用能够保护环境、节约资源，但同时又可能对人体健康产生潜在危害的这一特点，使得居民对于再生水回用的反应会由于意识形态的不同而区别明显。在社会学研究当中，居民对再生水回用的厌恶感被发现与政治观点方面的保守程度正相关，这源于对外来病菌与组织外成员反感因素的共同演化[54]。政治倾向也被发现与居民对于环境事务的态度呈现正相关。

2.1.3　再生水回用相关政策

近年来，再生水回用在全世界得到了广泛重视，各国也相应出台了与再生水回用相关的政策。

1. 国外再生水回用政策

世界各国和国际组织在再生水回用推广政策上做了诸多有益探索，但总体而言，仍处于尝试阶段。诸如欧盟制定的水框架指令，虽然立法程序十分严格，但其仅仅是一项软性方案，故约束力有限。此外，由于缺乏对低品质再生水可能对人体造成危害的有效数据，诸如美国加利福尼亚州在制定再生水水质标准时，只能以“小心不犯错误”作为标准，一定程度上提高了再生水回用推广的难度[55]。同时，缺水程度、经济基础及文化的差异也造成了适宜各国国情的再生水回用推广政策有所不同。

2. 国内再生水回用政策

迄今为止，再生水回用在我国已发展 30 余年。自 1986 年起，再生水回用连续被纳入国家“七五”、“八五”及“九五”国家重点科技攻关计划。在关于再生水回用中涉及的再生水生产工艺、技术经济政策等方面，取得了丰富的研究成果，并在大量生产性实验中得到了良好的应用，为后续再生水回用技术标准的制定提供了科学支撑，并为再生水回用在我国的推广打下了坚实的基础。之后出台的“十一五”、“十二五”及“十三五”全国城镇污水处理及再生利用设施建设规划更是将对再生水回用的重视提高到了国家意志层面。各地也相继出台相关政策法规，配合中央关于再生水回用的推广规划，截至 2023 年 5 月，仅北京一地便出台 30 条以上关于再生水回用推广的地方性法规。这些政策均以强制性行政命令作为主要手段，或制定再生水回用推广的阶段性目标，或以指令形式要求特定用水单位开展再生水回用，在我国再生水回用行业发展的最初阶段起到了一定的政策导向作用，但不足以引导居民主动地使用再生水。

2.1.4　研究述评

通过对国内外相关研究的梳理和分析，我们发现关于再生水回用居民接受程度的研究已经在全世界范围内得到了广泛关注，各国学者在关于再生水回用居民接受行为影响因素领域进行了卓有成效的探索，但仍存在以下几方面不足。

1. 当前研究并未将不同影响因素系统化、条理化

居民再生水回用接受程度的影响因素复杂多样，同时当前学者所开展的研究多针对单一或若干因素的作用效果，缺少对影响因素综合、系统的探析和梳理，未能揭示出多种因素间的结构关系。因此，本书将通过文献研究和调研的方式，系统整理和分析西北干旱缺水地区城市居民再生水回用接受意愿的显在和潜在影响因素，构建影响因素的解释结构模型，力图揭示不同影响因素间的内在联系。

2. 学界关于居民再生水回用接受程度的影响因素的观点不一

当前学界关于居民再生水回用接受程度的某些影响因素，尚未形成统一观点，针对如年龄、性别、收入等因素对于居民再生水回用接受意愿的作用效果，不同学者在世界各地开展的研究当中甚至出现了截然相反的结论。同时，在以往研究当中缺少对第三方水质监管等因素作用的探索。因此，本书针对西北干旱缺水地区居民行为特点，开展大规模调研，以确定再生水回用接受意愿与影响因素之间的本质联系。

3. 研究方法以实证研究为主，数据获取易受情境影响

已有的关于居民再生水回用接受意愿的研究，多采用问卷调研、访谈等数据获取方式，研究结果易受研究情境的影响。因此，本书采取生理信号及行为监测技术作为实验数据获取手段，可更为有效地还原真实决策环境，弥补实证研究手段易受情境影响的短板，从而能获取更为客观、接近居民真实意愿的研究结论。

4. 缺少从消费行为模拟的角度探索再生水回用的驱动策略

当前国内外关于再生水回用的推广政策，以柔性或强制性的指令政策为主，而缺少基于消费行为驱动机理所制定或优化的再生水回用驱动策略。学界的研究也大多仅仅关注寻找影响居民再生水回用接受意愿的影响因素，而缺乏对如何主动引导居民接受再生水回用问题的进一步探索。针对这一问题，本书将宏观政策的作用效果与微观层面的居民接受行为有机结合起来，在居民再生水回用行为影响因素和行为特征研究的基础上，进一步提炼出潜在的居民再生水回用行为驱动策略，并在实验环境下模拟研究不同策略的作用效果。

2.2　本书研究内容、研究方法及结构

2.2.1　研究内容

本书从不同变量对城市居民再生水回用行为的影响作用着手。第一，通过扎根理论寻找城市居民再生水回用行为关键影响因素。第二，通过建立结构方程模型来解释不同影响因素之间以及影响因素与再生水接受行为之间的内在联系；然后在结构方程模型的基础上建构解释结构模型，确定不同影响因素间的本质联系及相互作用机理，发掘西北干旱缺水地区城市居民再生水回用行为特征。第三，有针对性地制定潜在居民再生水回用行为驱动策略，并通过人因实验对驱动策略进行优化。第四，结合西部干旱缺水地区实际，提出再生水回用行为的组合驱动策略。具体内容如下。

（1）明确城市居民再生水回用行为的关键影响因素，揭示不同影响因素之间的内在联系。

在对相关领域研究文献进行系统整理的基础上，通过质化研究，梳理和探析城市居民和专家对于影响再生水回用行为因素的观点，明确城市居民再生水回用行为的关键影响因素，揭示不同影响因素之间的关系结构。

第一，结合文献研究和调查研究获取质化研究资料。对文献资料和调研资料进行开放式编码分析，梳理和探析城市居民和专家对影响再生水回用行为因素的主要观点。

第二，建构再生水回用行为影响因素主范畴的典型关系结构。通过主轴编码、选择性编码等手段，形成再生水回用行为影响因素主范畴的典型关系结构，并进行理论饱和度检验。

（2）建构结构方程，解释不同影响因素之间以及各因素与再生水接受行为之间的内在联系。

第一，设计适合西北干旱缺水地区的城市居民再生水回用行为影响因素调查问卷。在项目团队近年来已获取的 5 万字访谈资料的基础上，根据研究内容需要及西北干旱缺水地区文化和资源禀赋特点，对经典研究问卷进行再设计，并通过开展预调研的形式，确定问卷有效性，进一步完善问卷。通过分层随机抽样选取样本，因地制宜开展调研，获取实证数据。

第二，建构结构方程，探明影响机理。提出各影响因素与再生水回用行为关系的研究假设，建立结构方程模型，解释不同影响因素之间以及各因素与再生水

接受行为之间的内在联系。

（3）建立解释结构模型，确定影响因素与再生水回用行为之间的相互作用机理，发掘西北干旱缺水地区城市居民再生水回用行为特征。

第一，形成有向图和有向图邻接矩阵，建立再生水回用行为影响因素多级递阶解释结构模型，使众多因素间错综复杂的关系条理化、系统化。

第二，构建邻接矩阵，对可达矩阵进行计算及层级分解。

第三，形成再生水回用行为主要影响因素多层次递阶结构。

（4）设计实验方案，模拟不同驱动策略的作用情境，开展再生水回用行为驱动策略的实验研究。

该部分在关于居民再生水回用行为影响因素、作用机理及行为特征研究的基础上，设计潜在驱动策略，并通过实验的方式，对驱动策略进行优化。

第一，设计城市居民再生水回用行为组合驱动策略。针对当前国内关于再生水回用的推广政策以强制性的指令政策为主，缺少针对再生水消费者行为驱动政策的现实，根据西北干旱缺水地区城市居民再生水回用行为与关键影响因素之间作用机理，有针对性地设计能对居民再生水回用行为产生积极影响的组合驱动策略。

第二，再生水回用行为驱动策略作用优化。在实验室环境下，模拟不同驱动策略的作用情境，并对实验参与人的生理参数、眼动参数和行为活动参数进行同步测量，获取反映驱动刺激前后实验参与人对再生水回用态度变化的实验数据。通过比较实验数据前后的变化来确定不同驱动策略的作用效果，实现对驱动策略的优化。

2.2.2 研究方法

本书所采用的研究方法分为质化研究、实证研究、实验研究三类。

1. 质化研究

文献资料搜集：分别通过检索关键词，在 Web of Science 数据库及 CNKI 数据库收集相关文献资料，并采用 EndNote 文献管理软件，对文献数据进行汇总整理。

深度访谈和焦点小组访谈：通过在西北干旱缺水地区选取典型城市——西安，进行走访调研，获取当地居民对于再生水回用的关切和担忧之处；并邀请相关领域专家，针对再生水回用行为的影响因素进行焦点小组访谈。

用扎根理论进行质化分析：基于扎根理论的基本原理，采用 Nvivo11 软件对研究资料进行逐级编码。在此基础上，提取与居民再生水回用行为影响因素相关的核心概念和核心范畴，并分析各概念与范畴之间的相互影响，为结构方程模型和解释结构模型的分析奠定基础。

2. 实证研究

分层随机抽样调研：根据不同区域的人口结构进行分层，确定不同区域的抽样比例，并采用网络问卷与实地问卷发放的形式，在各区域内随机获取调研数据。

调研数据量化分析：采用分层回归，对调研数据中的客观数据，如年龄、性别等不受参与者主观意志影响的数据进行分析；同时，采用结构方程模型对调研数据中的主观数据，如对再生水的厌恶感、环境态度等易受参与者主观意志影响的数据进行分析，确定不同因素对居民再生水回用行为的影响效果，对模型进行进一步改进、完善；最终建构关于居民再生水回用行为影响因素的解释结构模型。

3. 实验研究

驱动策略作用效果模拟实验：通过设计实验环节，模拟不同驱动策略的作用情境，并对实验参与人的生理参数、眼动参数和行为活动参数进行同步测量，获取反映驱动刺激前后实验参与人对再生水回用态度变化的实验数据。

人因数据同步分析：采用描述性统计分析、方差分析等数据处理手段，对驱动刺激前后实验参与人的各项人因数据进行同步分析，验证不同驱动策略的作用效果。

2.2.3　本书的技术路线

本书的技术路线如图 2.1 所示。首先，采用图书情报研究领域中常用的知识图谱，对相关领域的研究文献进行深入分析，厘清学科内的研究热点和研究前沿。采用质化研究的方式，获取再生水回用一线专家和再生水直接使用者对于再生水回用的关注和顾虑所在，并以此为基础构建居民再生水回用行为影响因素的结构方程模型，揭示不同影响因素间的内在联系。其次，建立解释结构模型，明确影响因素与再生水回用行为间的作用机理，发掘城市居民再生水回用行为特征。最后，有针对性地设定潜在行为驱动策略，并通过人因实验方式，对驱动策略进行优化，提出适用于西北干旱缺水地区城市居民再生水回用行为的组合驱动策略。

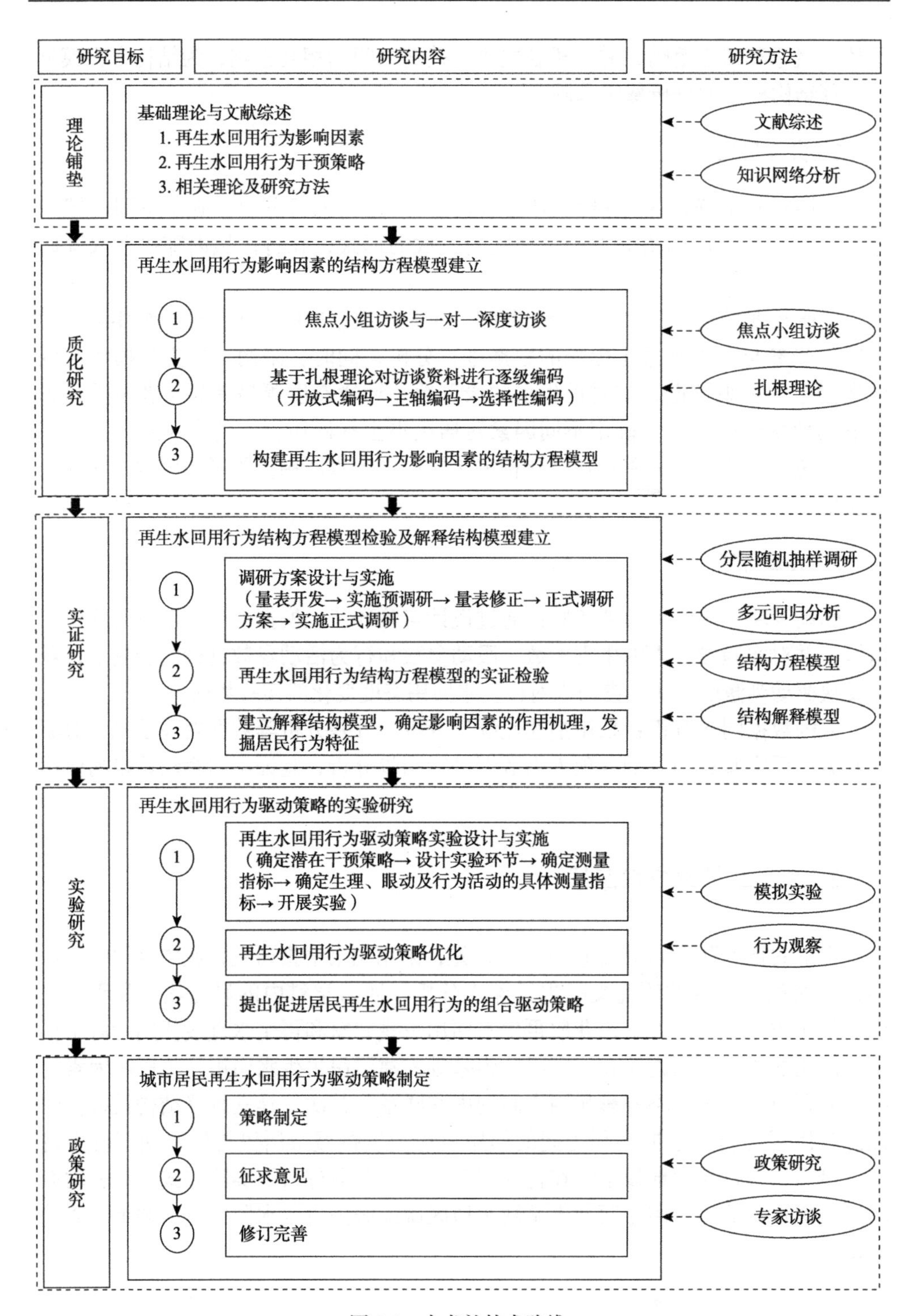
研究目标
研究内容
研究方法
理论铺垫
基础理论与文献综述
1. 再生水回用行为影响因素
2. 再生水回用行为干预策略
3. 相关理论及研究方法
文献综述
知识网络分析
质化研究
再生水回用行为影响因素的结构方程模型建立
焦点小组访谈与一对一深度访谈
基于扎根理论对访谈资料进行逐级编码
（开放式编码→主轴编码→选择性编码）
构建再生水回用行为影响因素的结构方程模型
焦点小组访谈
扎根理论
实证研究
再生水回用行为结构方程模型检验及解释结构模型建立
调研方案设计与实施
（量表开发→实施预调研→量表修正→正式调研方案→实施正式调研）
再生水回用行为结构方程模型的实证检验
建立解释结构模型，确定影响因素的作用机理，发掘居民行为特征
分层随机抽样调研
多元回归分析
结构方程模型
结构解释模型
实验研究
再生水回用行为驱动策略的实验研究
再生水回用行为驱动策略实验设计与实施
（确定潜在干预策略→设计实验环节→确定测量指标→确定生理、眼动及行为活动的具体测量指标→开展实验）
再生水回用行为驱动策略优化
提出促进居民再生水回用行为的组合驱动策略
模拟实验
行为观察
政策研究
城市居民再生水回用行为驱动策略制定
策略制定
征求意见
修订完善
政策研究
专家访谈

图 2.1 本书的技术路线

2.3　相关理论和模型概述

1. 社会认知理论

社会认知理论（social cognitive theory，SCT）的核心观点是外部环境、个人认知和行为意愿三元交互决定论，其认为外部环境（信息公开）、个人认知（水环境问题感知、水环境保护意识和风险感知）和行为意愿（再生水回用意愿）两两存在动态的互惠关系。该理论关注三种作用机理：① 个人认知与行为意愿的交互反映了行为意愿是受到人的思维和对事物认知的影响并做出行动的过程，认知的变化将影响到个体或者群体的行为意愿；②外部环境与行为意愿的交互则反映了个体的行为意愿决定了环境中的社会形态，同时个体的行为也会受到外部环境的影响；③个人认知与外部环境的交互反映了个人的意识和认知能力并不是一成不变的，而是受到外部环境的影响。

SCT 被广泛地应用于理解和预测个体及群体行为特征，并识别哪些方法能够改变行为。个体的行为意愿主要由个体对行为的认知及主观愿望决定，行为意愿又受到个人认知、主观规范和知觉行为控制。SCT 认为行为意愿是个体认知变量与外部环境因素交互作用的产物，相关学者提出个体内因和社会外因共同作用于个体行为，个体行为是意愿、习惯性反应和环境约束共同作用的结果，其中意愿又受到认知、意识和感知等因素的影响。因此，本书基于“外部环境（缺水信息公开）—个人认知（水环境问题感知、水环境保护意识和风险感知）—行为意愿（再生水回用意愿）”的路径，分析地区信息公开对居民再生水回用行为的作用机制。

2. 理性行为理论

Ajzen 和 Fishbein 在 1980 年提出了理性行为理论（theory of reasoned action，TRA），认为个体的行为在某种程度上可以由行为意向合理地推断，而个体的行为意向又是由对行为的态度和主观规范决定的。人的行为意向是人们打算从事某一特定行为的量度，而态度是人们对从事某一目标行为所持有的正面或负面的情感，它是由对行为结果的主要信念和对这种结果重要程度的估计所决定的。主观规范可以划分为指令性主观规范和描述性主观规范。指令性主观规范是指一个给定的参照个体或群体支持或反对行为实施的主观概率。描述性主观规范是指给定的参照个体或群体自己实施该行为的主观概率。这些因素结合起来，便产生了行为意向（倾向），最终导致了行为改变。理性行为理论认为所有因素只能通过态度和主观规范来间接地影响行为，这使得人们对个体行为产生了清晰的认识。

3. 计划行为理论

在理性行为理论基础上，Ajzen 在 1991 年引入了感知行为控制（perceived behavioral control，PBC）变量，提出了计划行为理论（theory of planned behavior，TPB），以期更合理地解释个体行为。在TPB中，行为意向有3个决定因素：一是态度，二是主观规范，三是感知行为控制。前两个因素与理性行为理论一致。感知行为控制是个人对其行为进行控制的感知程度，由控制信念和感知促进因素共同决定。控制信念是人们对其所具有的能力、资源和机会的感知，而感知促进因素是人们对这些资源的重要程度的估计。理性行为理论和 TPB 是两个通用行为模型，是影响范围最广的行为理论。但是理性行为理论和 TPB 只强调态度的工具性成分（有用-有害、有价值-无价值等），忽视了态度的情感性成分（喜欢-厌恶、愉快-痛苦等），这在一定程度上制约了理论对行为的解释能力。

4. 态度-行为-情境理论

Guagnano 等在 1995 年提出了态度-行为-情境（attitude-behavior-context，ABC）理论，指出环境行为是环境态度变量和情境因素相互作用的结果。当情境因素的影响处于中性状态时，环境态度和环境行为的关系最强；当情境因素的影响极为有利或不利的时候，可能会大大促进或阻止环境行为的发生。Guagnano 等对路边回收（curb-side recycling）的实证研究也发现了支持这一关系的证据。ABC 理论的贡献在于，发现了两类因素（内在态度因素和外部情境因素）对行为的影响，并验证了情境因素对环境态度和环境行为之间关系的调节作用。但 ABC 理论对态度的形成过程以及态度对行为的影响机制没有更深入的分析。但是后续有研究通过质化研究构建了意识-情境-行为整合模型（consciousness-context-behavior system model），并用资源意识对资源行为的影响验证了这一理论。研究指出低碳心理意识是低碳消费行为的前置变量，同时意识-行为关系受到情境因素的调节作用。这对于解释再生水知识普及、再生水回用示范工程对再生水回用行为意愿的影响机理具有相当的启示意义。

5. 图式一致性理论

图式一致性理论假设个体处理新信息的方式是将其与现有的图式进行比较。图式是指储存在记忆中关于过去经历的图像或表达，代表了人们对他人、物体或信息的期望或认知模式。人们使用图式来帮助他们理解周围的环境，然后做出相应的行为。人们处理或忽略信息取决于它与现有图式的契合程度。图式一致性导致更积极的反应，因为人们喜欢符合他们期望的信息。相反，如果信息不匹配，也就是图式不一致，人们会做出相反的反应。我们认为现有的认知图式会影响信息加工，最好的结果来自内容的匹配。然而，另一些研究表明，与现有图式一致的信息由于过于熟悉而不会激发更多的兴奋，只会导致轻微的积极评价；适度的图式不一致激发更广泛的处理，然后唤起更强烈的积极评价。极度的图式不一致只能通过改变现有的知识结构来解决，往往会导致挫折和回避，进而导致负面评价。以往对消费者行为的研究指出，消费者面对一组产品时，会根据自己的理解和过去的经验，对不同的产品产生不同的认知图式。因此，本书中以图式一致性理论为基本框架来探索信息公开对再生水回用行为的促进作用。

6. 认知神经科学

随着社会科学领域研究的不断深入，社会科学与认知神经科学的交叉研究受到了越来越多学者的关注，并且学者更多地关注个体产生行为时潜在的认知感知过程及机制。认知神经科学是认知科学和脑神经科学融合基础上发展出的交叉学科，该学科主要是从脑神经层次上对如知觉、注意、记忆、决策、语言加工、意识和情感等认知相关问题展开研究。20 世纪 70 年代，美国的心理学家就提出了认知神经科学的设想，直至 20 世纪末，得益于功能性磁共振成像（functional magnetic resonance imaging，FMRI）、眼动追踪和事件相关电位（event-related potential，ERP）等相关技术快速发展，才真正意义上对认知过程和脑神经层面展开测量和探究。本书将采用眼动追踪技术和事件相关电位技术探究各驱动策略对居民再生水回用行为意愿的影响。

1）眼动追踪技术

社会心理学研究在考察个体行为时越来越关注个体潜在的认知情感过程和机制[56]。例如，个体在面对助人还是利己抉择时的决策过程如何，或者个人在阅读时的注意力更偏向哪些内容等。但在采用访谈或问卷收集参与者的答案时得到的往往是被内化加工后的结果，在得到这一外显结果之前个体的信息获取及处理过程是传统研究方法所不能及的，眼动追踪技术能较好地测量这些难以观察和获得的内容。眼动追踪技术通过无干扰地记录参与者信息搜索及整合的过程，并通过分析特定的眼动指标衡量参与者在信息获取过程中的状态[57]。眼动追踪技术具备高时间解析度的优点，这使得研究人员可以持续追踪参与者阅读信息时的动态过程，同时与神经层面相关技术相比，眼动追踪技术的硬件成本较低、设备灵活性也更强。所以基于以上优点，眼动追踪技术在社会科学领域也得到了极为广泛的应用。例如，陈静等通过眼动追踪技术获取并分析用户在信息搜索过程中的感知效果并构建了相关预测模型[58]；Fu 等基于视觉搜索范式构建了一个眼动实验，并通过握力器和眼动仪测量评价消费者的在线评论搜索行为[59]；季璐和柯青借助眼动追踪技术分析用户浏览时的行为特征和影响因素，并比较了用户在浏览和查询两种情境下的行为差异[60]。

通常情况下在得到参与者获取信息的全过程数据后需要在研究背景下选择合适的眼动指标对数据加以分析，常用的指标包括注视时长（fixation duration）、兴趣区内注视时长（duration of fixation in area of interest）、注视次数（fixation counts）、注意力分配比（proportion of attention）及眼动轨迹（scan path）等[61]：①注视时长是指凝视某一位置的时长，这一指标通常与兴趣区或实验中呈现内容的特征相关，如刺激材料的显著性、大小、位置等是眼动追踪实验中不可缺少的分析指标；②兴趣区内注视时长的定义和测度内容与注视时长类似，只在其基础上加上了兴趣区的限制条件，是指在特定兴趣区（area of interest，AOI）中的总注视持续时间，值得注意的是，眼动轨迹跳出兴趣区并再次进入之后的时间也同样纳入计算；③注视次数指的是眼球运动过程中的停顿次数，常常将多个参与者注视次数较多的区域指定为预定义的 AOI；④注意力分配比是 AOI 中的注视次数/AOI 中的注视时长[62]，影响该指标的因素包括信息呈现的位置、AOI 之间的距离及相对位置，用于对比参与者在 AOI 对照组之间的注意偏向；⑤眼动轨迹也是回顾参与者在实验进行时感知认知过程的重要指标，回看眼动轨迹结合半结构式访谈也是深化眼动实验最终结果的常用方法[63]。

2）事件相关电位技术

事件相关电位技术可被看作打开大脑功能“黑箱”的新技术，是为个体意识和行为提供客观、可视、科学解释的行之有效的方法之一。事件相关电位技术在社会科学领域的应用日益成熟，不论是在个体行为还是工程实例等相关研究中都得到了应用。叶贵等基于适用性理论和风险情感理论采用相关事件电位技术构建了施工噪声诱发建筑工人冒险行为的心理机制模型[64]。Hou 等以事件相关电位及行为决策数据为基础，运用认知神经科学方法对不同接触程度再生水终端使用方向的定性观念进行评估[65]。

学者们开始逐渐关注个人在神经层面如何认知处理获取到的社会规范，以及在认知加工之后社会规范对个人行为的指导作用效果[66~68]。在上述社会规范在认知神经领域的相关研究中，与同类认知神经科学领域的其他技术相比，事件相关电位技术凭借其具有的高时间分辨率、低成本和易于获取的优势被极度广泛地采用[69]，为探究个体对社会规范的洞察、情感和认知提供了一定的帮助。Kim 等验证了当个人偏离社会规范时产生的神经信号与由错误和金钱损失引起的神经信号类似[70]，这说明大脑会将偏离社会规范的行为认定为错误。Mu 等将无创性脑电图（electroencephalogram，EEG）与新的社会规范违规范式相结合，以检验规范违规的神经机制在不同文化中的差异[71]。Shestakova 等以事件相关电位技术为工具，探讨社会规范是否建立在一般的绩效监控机制之上[72]。本书中也将采用事件相关电位技术探究各驱动策略对于居民再生水回用行为意愿的影响。

7. 技术接受模型

技术接受模型（technology acceptance model，TAM）被广泛用于解释和预测人们对某种新技术的接受程度[73]。TAM 中延续了 TPB 中关于行为态度影响行为意图进而影响实际行为决策的逻辑框架。此外，感知易用性对感知有用性的影响亦在 TAM 中得到了肯定，认为感知有用性和感知易用性会通过影响行为态度，进而间接影响行为意图，同时，感知有用性会直接对行为意图产生影响。经过多年的发展和反复验证，TAM 已在国内外各个领域被广泛应用于解释人类对于新技术的接受行为。

8. Lewin 行为模型

社会心理学家 Lewin 在大量实验基础上提出了 Lewin 行为模型（Lewin metal of behavior），通过区分内在因素和外部环境表示各种因素对个体行为的方式、强度、趋势等的影响。其中，内在因素包括个体内在的具体条件和特征，如感觉、知觉、情感、学习、记忆、动机、态度、性别、年龄、个性等；外部环境包括个体外界的各种因素，如科技状况、经济水平、制度结构、文化背景等。Lewin 行为模型指出个体行为是个体与环境相互作用的产物，这在一定程度上揭示了个体行为的一般规律，并将影响行为的多种因素进行了基本归纳和梳理，具有高度概括性和广泛适用性，因而受到学术界的广泛重视和认可，成为理解个体行为的基础理论。

2.4　本书改进之处

2.4.1　TAM 的扩展应用

传统的 TAM 主要以感知有用性及感知易用性解释并推测使用者的态度及行为意图，而感知有用性及感知易用性则受到外部变数影响。感知有用性代表居民认为使用再生水对自身或社会带来的益处，本书认为居民对再生水的认识可以表示居民对再生水回用的感知有用性，而居民对再生水的认识包括常识和技术两个层面内容。本书将对再生水的常识了解程度和技术了解程度总结为了解程度指标，在后续研究中，以了解程度来代替传统 TAM 里的感知有用性。感知易用性可以被理解为居民使用再生水的可行性，包括行为便利性和行为可控性两方面。在再生水回用行为影响因素的扎根分析中，将行为便利性和行为可控性归纳总结为行为控制，因此，本书以行为控制来代替传统 TAM 里的感知有用性。最终，本书选取主观规范、风险感知及设施建设对了解程度和行为控制进行解释，并建立了如图 2.2 所示的拓展的 TAM。

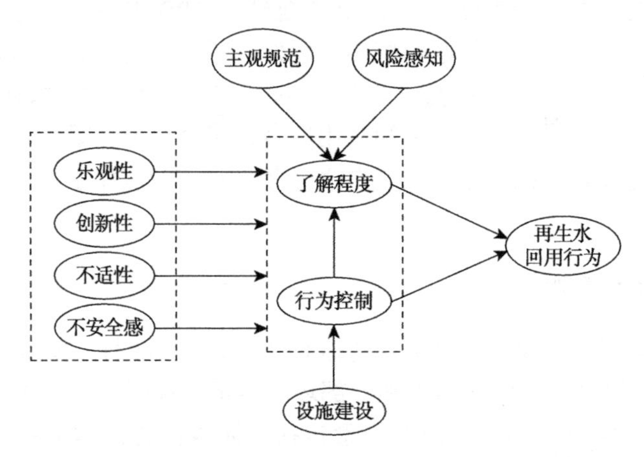

图 2.2 拓展的 TAM

另外，McFarland 和 Hamilton 认为 TAM 在用于测试使用者对新技术的接受度时，研究模型应该增加新的结构来增强模型对接受行为的解释度[74]。学者们往往将感知风险理论与 TAM 结合在一起来研究消费者的行为。感知风险的概念最初产生于心理学领域，由哈佛大学的 Bauer 率先将其应用于消费者行为研究领域，定义为消费者购买决策中隐含的对结果的不确定性。自被应用到消费者行为研究领域以来，感知风险已经成为消费者行为研究的重要解释变量。李进华和王凯利在 TAM 基础上整合感知风险，有效分析了影响微信信息流广告受众信任的相关因素[75]。王昶等在 TAM、TPB 整合模型基础上，加入感知风险，有效解释了居民参与“互联网+”回收意愿的影响因素[76]。因此，本书总结前人关于居民再生水回用行为影响因素的研究结论，在 TAM 基础上加入风险感知得到新的模型，如图 2.3 所示。

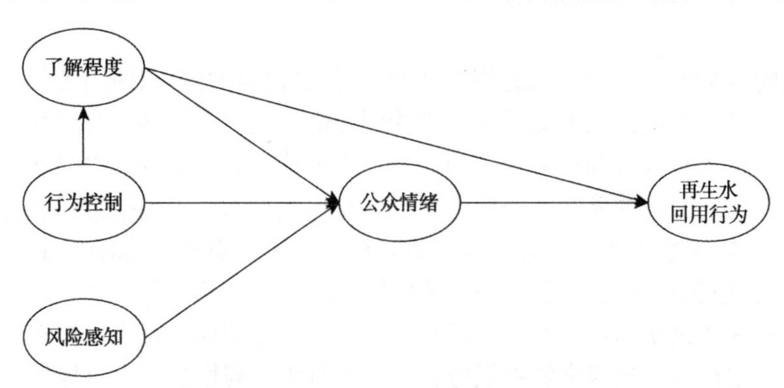

图 2.3 居民风险感知与再生水回用行为之间的假设模型

2.4.2　SCT 的适应性发展

SCT 认为，在环境、认知和行为三者中，认知扮演着中介与协调的作用，认知对个人的行为产生直接影响，而个体的认知受周围环境的影响。居民作为再生水直接使用者，其行为不仅受其自身对再生水感知的影响，还受到周围环境的影响。需要从居民对周围水资源和环境的认知对其行为决策影响等方面探求居民对再生水回用的行为意愿。由于人们对环境的判断不会总是理性的，信息的对称性及信息的披露程度对个体或群体的环境认知有较强的影响。这为研究缺水信息公开对公众再生水回用行为的作用提供了理论基础。在后续研究中，项目组基于此理论构建了缺水信息公开对再生水回用行为的作用机理模型，如图 2.4 所示。

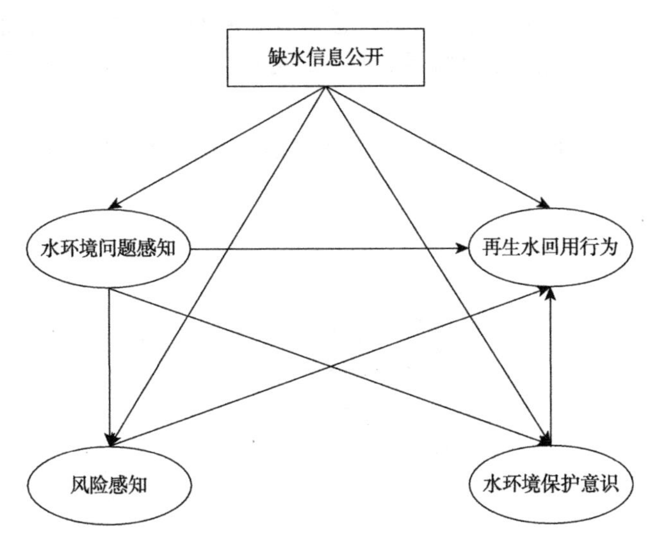

图 2.4　基于 SCT 的缺水信息公开作用机理模型

2.4.3　再生水知识普及作用机理模型的建立

根据 Lewin 行为模型、TPB 及 ACB 理论，本书了解到公众行为意愿背后的心理机制。在这些理论基础上，本书假设水环境问题感知、节水意识和风险感知对公众再生水回用行为意愿存在直接影响，且“意识–行为意愿”关系受到外部情境变量（再生水信息披露）的调节影响。构建了“意识（水环境问题感知、节水意识、水环境保护意识和风险感知）—情境（再生水知识普及）—行为意愿（再生水回用行为）”的路径，分析再生水知识普及对公众再生水回用行为的作用机理。

根据前人的研究，情感、责任、风险等意识因素可能对行为存在显著影响。情感因素主要是指公众对资源环境问题的感知和意识等。Sia 等在环境素养模型中提出环境情感是环境伦理观的重要组成部分[77]。环境情感又称环境敏感度，主要指一个人看待环境的情感属性，包括对环境的发现、欣赏、同情和愧疚[78~80]。Wang 在研究资源节约意识对资源节约行为的影响时，构建了意识–行为理论假说并得以验证，发现资源节约意识对资源节约行为的影响作用较大[80]。这种积极的情感因素是良好的基础，在正确的教育和宣传下必定会促发积极的环境行为。可见，环境情感对环境行为影响的研究结论高度一致，即环境问题感知和环境保护意识对环境行为意愿有显著的影响。关于风险意识，Zhu 在研究环境知识、风险感知与青年环境友好行为时发现，环境知识水平和环境风险感知对青年环境友好行为有显著的相关关系[81]。王刚和宋锴业在研究环境风险感知的影响因素和作用机理时发现，信息丰富性与环境风险感知呈现倒 U 形关系，利益趋向性对公众的环境风险感知具有决定性影响等结果[82]。可见，风险感知是公众环境行为意愿的关键影响因素。

基于上述理论和研究，本书建立了再生水知识普及作用机理模型，如图 2.5 所示。

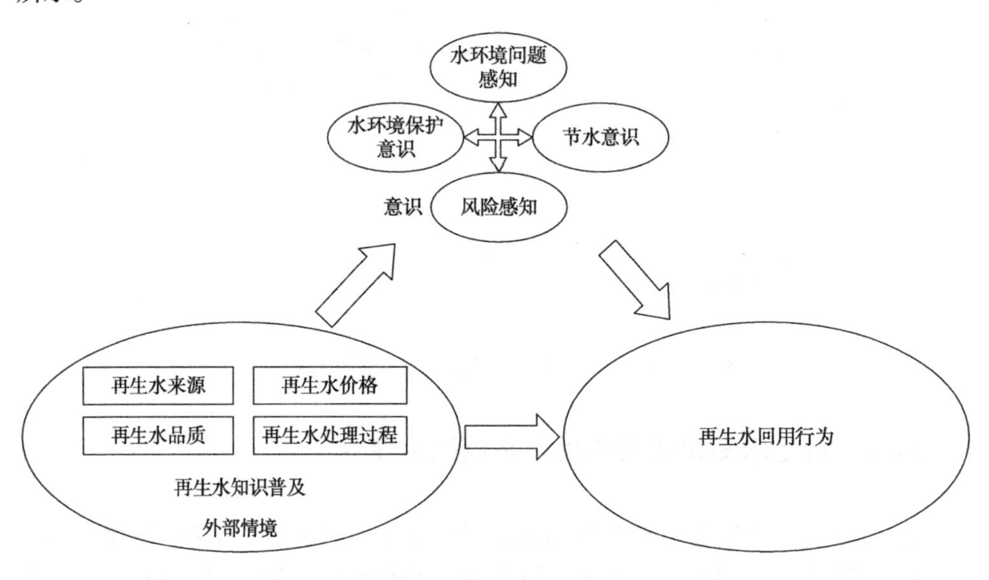

图 2.5 再生水知识普及作用机理模型

2.4.4 再生水回用解释结构模型的建立

本书研究采用建立解释结构模型的方法，系统梳理和确定各类影响因素与居民再生水回用行为之间的作用机理。首先，通过文献研究和调研的方式，系统整理和分析西北干旱缺水地区城市居民再生水回用接受意愿的需求侧、供给侧及外部环境因素；其次，通过结构方程等实证检验方式，分别揭示了不同影响因素与再生水回用行为之间的作用机理；最后，本书基于以上研究结论建构了再生水回用行为影响因素的解释结构模型，确定了各种影响因素及其相互间的关系，形成了影响再生水回用主要因素多层次递阶结构，使众多因素间错综复杂的关系条理化、系统化。

第3章　基于扎根理论的再生水回用居民接受行为影响因素研究

与量化实证研究不同，扎根理论并不提出理论假设，而是直接对调查资料进行分析，提炼出相关概念，进而发掘范畴及各范畴之间的关联，并在该过程中，探索新资料与已形成的概念、范畴或关系的异同之处，直至新资料中再也没有新的概念、范畴或关系出现，因此利用该方法建构的概念、发现的因素更加系统与全面。国内外利用扎根理论这一探索性的质化研究方法对再生水回用行为的研究并不多见，但是在其他环境保护行为方面得到了广泛的应用。王建明和王俊豪利用扎根理论构建了居民低碳消费模式的影响因素模型，有效地解释了其形成机理[83]。杨智和邢雪娜运用扎根理论方法对可持续消费行为的影响因素进行了探索性研究，构建出可持续消费行为影响因素模型[84]。当前国内外关于城市居民再生水回用行为的接受程度影响因素的研究，以量化研究为主，往往针对单个或多个因素的作用效果展开研究。但由于各自关注的视角与特定因素不同，其结论存在一定的差异，缺少对影响因素系统全面的思考，而以扎根理论为代表的质化研究方法，可以很好地解决这个问题。因此，在国内外学者研究基础上，本章将城市居民再生水回用行为作为研究对象，运用扎根理论的思想与方法，探究影响再生水回用行为的因素，为政府推动再生水回用发展政策的制定提供理论依据。

3.1　研究方法与数据来源

对于城市居民再生水回用行为的影响因素，国内外现阶段并没有较为成熟与全面的理论假设、变量范畴及测量量表。有研究表明，由于社会情境的影响，问卷调查方法难以获得能够有效代表居民对再生水回用真实态度的数据。为保证数据的质量，本书通过深度访谈获取用户对再生水回用态度的数据，每人次访谈持续时间为 1 小时，访谈人员记录参与者的访谈录音。在正式访谈前一天告知参与者访谈主题，以便其做好相应准备。在正式访谈时，访谈人员向参与者介绍再生水回用的内涵及相关信息，并对参与者进行答疑，确保其正确理解该次访谈的主题后，依据访谈提纲进行深度访谈。访谈提纲具体内容如表 3.1 所示。

表 3.1　访谈提纲

访谈主题	主要内容
基本信息	性别、年龄、收入水平、教育水平、家庭结构、水资源缺乏经历
对再生水回用的态度	您对再生水回用有什么看法
	您是否愿意在日常生活中使用再生水，具体在哪些方面愿意使用
	您觉得再生水回用的意义在何处
再生水回用行为的影响因素	您自己或者家人是否使用过再生水
	您是否注意过或参与过再生水回用方面的宣传教育
	您觉得影响您及家人使用再生水的主要障碍是什么
	您觉得社会中没有形成使用再生水的氛围的原因是什么
	您认为政府在促进再生水回用行为方面现阶段做得如何，未来应该采取何种措施

本书选择我国西部干旱缺水地区代表城市西安市作为研究对象，在西安市所辖区县中分别随机抽取 3 人，总计 39 人进行深度访谈，受访人员基本情况如表 3.2 所示。

表 3.2　受访人员基本情况

变量名称	变量描述	占比
性别	男	43.6%
	女	56.4%
年龄	较低（43 岁及以下）	64.1%
	较高（43 岁以上）	35.9%
收入水平	低（3 000 元及以下）	20.5%
	中（3 000～8 000 元）	64.1%
	高（8 000 元及以上）	15.4%
教育水平	低[本科（或大专）以下]	41.0%
	高[本科（或大专）及以上]	59.0%
家庭结构	家中有未成年子女	38.5%
	家中无未成年子女	61.5%
水资源缺乏经历	有	30.8%
	无	69.2%

访谈结束后，将资料汇总，删去其中质量不佳的6份访谈，共形成33份访谈报告。选取其中28份用于扎根分析，通过对原始资料进行概括、归纳，完成开放式编码、主轴编码、选择性编码（图3.1），对概念之间的联系建构起相关的理论框架，其余5份用于理论饱和度检验。

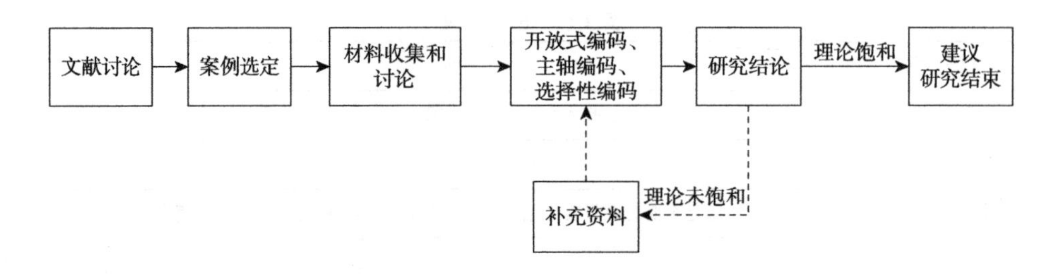

图3.1 扎根研究流程

3.2 范畴提炼及模型构建

3.2.1 开放式编码

开放式编码是通过对访谈资料中的原始语句和片段进行编码，实现概念化，并重新组合的过程。在进行开放式编码时，要求对原始资料逐句进行编码、标签和登录。为了减少主观观念的影响，在选择标签时，尽量选取参与者的原始表述，并从中发掘初始概念。由于初始概念数量庞大且存在一定程度的交叉，为深度挖掘居民再生水回用行为的影响因素，本书剔除出现频率较少的概念，仅保留出现频次 3 次及以上的概念，并进一步提炼，将初始概念范畴化，通过对编码结果的整理，获得34个对应初始概念及24个范畴，见表3.3。限于篇幅，本节对每个范畴仅选择有代表性的原始访谈记录语句。

表3.3 开放式编码范畴化

范畴	初始概念	原始语句
社会规范	大众共识	我们知道湖里是再生水啊，可大家都觉得没有问题
	他人影响	我经常见有人用再生水自动洗车设备洗车，现在我自己也来洗
	媒体宣传	我参与过再生水回用的宣传活动，对再生水回用有一定了解
主观规范	主观规范	当我周围的人都用再生水的时候，如果我自己不用，我会觉得自己和别人不一样，会觉得有压力
再生水知识普及	再生水知识普及	相关政府部门及机构对再生水的宣传力度

续表

范畴	初始概念	原始语句
信息公开	信息公开	相关政府部门及机构对当地再生水信息的公开程度
公众情绪	公众情绪	对于再生水回用的各种情绪类型及强度
节水意识	节水意识	调研参与人对节约用水的意识
设施建设	管网建设	有不少单位向我们表达过想用再生水的，但没有管网，我们没法给他供
	再生水生产设施建设	由于缺少客户，我们的再生水回用设施现在都处于半停工状态
	加压泵站建设	我们也知道管线远端水压不足，但客户少，管线也少，我们建加压泵站，账算不过来
污水来源	污水来源	工业废水和生活污水要严格分开，工业废水处理生产的再生水不能给人用
处理技术	再生水处理技术	我们厂现在使用的传统再生水技术不太稳定，有时会达不到工厂水质要求
再生水品质	再生水品质	再生水肯定没有我们使用的自来水干净，里面肯定会有污染物
再生水回用用途	再生水回用用途	洗车、冲厕都可以使用再生水，但是厨房用水以及洗衣用水，我是不愿意用再生水的，毕竟再生水再好也是受过污染的
政府信任	对政府意图的信任	政府代表我们群众的利益，会保障好水质安全的
	对政府能力的信任	要一天 24 小时不间断地监控再生水水质恐怕很难
	对政府提供信息的信任	我对现在的水务部门是有点不放心，每次都说水质达标，可是既然水质达标，怎么还出现一些负面消息
风险感知	风险感知	毕竟是从污水生产的，肯定会有一些残留的不干净的东西
水环境问题感知	水环境问题感知	水如果一直浪费下去，会有用完的一天
水环境保护意识	环保意识	用再生水能保护环境，那当然应该推广再生水
	责任归因	你看这河里的水，现在时有时无的，还不是因为河里的水都被人用了
	行为效能	多用点再生水就能少用点自来水，对保护环境有好处
价格感知	价格感知	用再生水自助洗车比我们平时去店里洗车便宜很多
行为控制	行为便利性	我回家路上就有再生水自动洗车机，使用很方便
	行为可控性	我不敢肯定供水部门会不会在自来水里掺杂再生水
了解程度	常识了解程度	我上学的时候学过有关的知识，所以算是比较了解
	技术了解程度	现有的处理技术能把再生水处理得多干净呢
年龄	年龄	我们这年龄，过一天算一天，折腾什么再生水
性别	性别	女性更有爱心，应该会更支持这种环保行为
教育水平	教育水平	我不识字，再生水我不懂，我也不会去用
收入水平	收入水平	我的工资支付水费还是没问题的，没必要为了省那么点钱，就去用什么再生水
水资源缺乏经历	水资源缺乏经历	我们小时候西安经常停水，每家每户都要拿大缸存水，所有的水都要反复利用好几遍，这不就是再生水回用吗
家庭结构	家庭结构	我觉得为了下一代的健康，现在这个水有什么不好的后果可能还没有显现出来，谨慎起见，还是不要使用比较好

3.2.2　主轴编码

开放式编码的目的是发掘范畴，而主轴编码则是为了从逻辑层面将范畴进行重新归类。发现和建立各个独立范畴之间的逻辑联系，将开放式编码获取的24个对应范畴归纳为6个主范畴和3个类别，见表3.4。

表3.4　主轴编码形成的主范畴

类别	主范畴	对应范畴	范畴内涵
外部环境影响因素	情境因素	社会规范	社会中关于再生水回用的氛围
		设施建设	再生水回用及配套设施建设情况
	政府治理	再生水知识普及	再生水的专业知识宣传
		信息公开	地区再生水信息的公开程度
供给侧影响因素	再生水回用特点	污水来源	再生水生产原料的来源
		处理技术	再生水的处理技术
		再生水品质	再生水水质的品质
		再生水回用用途	再生水具体回用用途
需求侧影响因素	潜在用户属性	年龄	调研参与人年龄
		性别	调研参与人性别
		教育水平	调研参与人受教育程度
		收入水平	调研参与人收入水平
		水资源缺乏经历	调研参与人是否经历过水资源缺乏
		家庭结构	调研参与人所在家庭的人员构成情况
	心理意识	政府信任	对水务管理部门的信任程度
		主观规范	个人从主观上感受到的社会压力
		风险感知	对再生水回用风险状况的感知
		水环境问题感知	对于水环境问题的认知情况
		水环境保护意识	对于水环境问题的关心与保护程度
		价格感知	对于再生水价格高低的感知
		公众情绪	对于再生水回用的各种情绪类型及强度
		节水意识	调研参与人对节约用水的意识
	行为能力	行为控制	对再生水回用便利性和可控性的认知
		了解程度	对再生水回用相关知识的了解程度

3.2.3　选择性编码

选择性编码的目的是从主范畴中提炼核心范畴，进而建立核心范畴与其他范畴之间的联系。本书中，通过分析各主范畴与城市居民再生水回用行为的关系，形成了主范畴的典型关系结构，见表 3.5。

表 3.5　主范畴的典型关系结构

典型关系结构	关系结构的内涵	代表语句
外部环境影响因素→再生水回用行为	社会规范、设施建设所构成的情境因素和政府治理会促使居民采取再生水回用行为	社会上形成了用这个再生水的氛围，大家看到别人都在用，我们自己也会使用再生水
供给侧影响因素→再生水回用行为	再生水回用的污水来源、处理技术、品质、用途所构成的再生水回用特点，对公众再生水回用决策能产生直接影响	我只能接受自己家庭生活污水的回用
需求侧影响因素→再生水回用行为	潜在用户属性、心理意识、行为能力会决定居民采取再生水回用行为	人人都有节约用水这个意识的话，在能用再生水的时候，都会选择再生水
外部环境影响因素→需求侧客观影响因素	社会规范、设施建设所构成的情境因素和政府治理通过影响需求侧心理意识、行为能力从而促进再生水回用行为	现在西安市实施了阶梯水价，用得越多水越贵，用点再生水应该能省不少水费
供给侧影响因素→需求侧客观影响因素	再生水回用的污水来源、处理技术、品质、用途所构成的再生水回用特点通过影响需求侧心理意识、行为能力从而影响再生水回用行为	如果采纳现在先进的膜技术，处理的再生水水质非常好，肯定会促进再生水的使用

3.2.4　理论饱和度检验

依照前文编码模式，对提前预留的 5 份访谈资料进行编码，并未发现新的范畴，范畴内部亦没有发现新的构成因子。由此可以认为，城市居民再生水回用行为影响因素理论模型已发展得足够丰富，并在理论上达到饱和。

通过对再生水回用影响因素研究的相关文献的回顾，发现本书构建的再生水回用行为影响因素主范畴的典型关系结构基本涵盖了以往文献所聚焦的影响因素。过往文献多聚焦于再生水回用流程等供给侧因素和再生水回用的使用者等需求侧因素。研究认为再生水经由污水处理而成，因此污水的来源、污水处理方案、污水品质、再生水回用用途都会影响居民对于再生水是否安全的判断[30, 33, 36]。另外，以往研究同样认为对于主观的再生水回用居民接受意愿而言，居民心理层面对于再生水回用的认识和担忧亦是不容忽视的重要影响因素。值得注意的是，本书构建的再生水回用行为影响因素主范畴的典型关系结构中社会规范、设施建设所构成的情境因素以及再生水知识普及和信息公开所构成的政府治理等外部环境因素是以往文献中忽略的地方。

3.3 影响因素阐释

根据上述再生水回用行为影响因素主范畴的典型关系结构，从需求侧、供给侧、外部环境三方面探究其对城市居民再生水回用行为的影响。

1. 需求侧影响因素阐释

需求侧影响因素直接作用于再生水回用行为，包括潜在用户属性、心理意识、行为能力，具体阐述如下。

除了年龄、性别、教育水平及收入水平等个人特征会对再生水回用的接受程度产生影响外，有过水资源缺乏经历的参与者更愿意接受再生水。与此同时，家中育有未成年子女的参与者则会因为担心再生水回用对子女产生潜在的危害，降低对再生水回用的接受程度。

心理意识则通过影响居民再生水回用的偏好来影响其具体的行为。通过研究发现，对于再生水回用行为存在潜在风险的感知，是影响其再生水回用接受程度的重要原因。参与者提到使用再生水时想到是由污水处理而来的会让其产生心理的不适感，这种不适感在各类研究中被称为“恶心因素”（yuck factor），这种公众情绪被证明是影响再生水回用行为的主要决定因素。居民对再生水价格的感知无疑也会对再生水回用行为产生影响。此外，对相关部门越信任的参与者，在再生水回用行为的表现上也显得更为积极。同时，由于再生水对环境的有益作用，人们的节水意识、对环境问题的感知及关心程度也会对再生水回用行为产生影响。

再生水回用的行为能力也会影响居民对于再生水回用的接受程度。行为能力主要表现为居民对于再生水回用的了解程度，以及对于再生水回用的感知行为控制程度。其中，了解程度包含参与者对于再生水回用基本概念等相关知识的了解程度，以及对于再生水回用生产技术的了解程度。再生水回用行为控制程度则包含居民对于再生水回用行为便利性及可控性的认知。在访谈过程中，参与者也表达了对更多再生水相关信息的渴望，尤其是关于再生水回收过程及水质的信息。

2. 供给侧影响因素阐释

供给侧影响因素及外部环境影响因素不仅会直接影响城市居民再生水回用行为，还通过对需求侧的客观因素，即心理意识、行为能力产生直接影响，间接影响城市居民再生水回用行为。供给侧影响因素指再生水回用的污水来源、处理技术等自身的特点对居民再生水回用行为的影响。根据访谈结果，城市居民更倾向将再生水用于与人体接触程度较低的用途。同时，污水来源越安全、处理水平越高、水质越好、与人体接触程度越低的再生水，居民对于再生水风险的担忧越小，通过影响居民的心理意识、行为能力进而提高其对再生水的接受程度。

3. 外部环境影响因素阐释

外部环境影响因素包括情境因素和政府治理两方面。情境因素方面包括再生水回用的社会规范及再生水回用设施建设情况。许多环保行为并不是来源于良好的意识与态度，而在于社会规范，即大多数人的实际行为和典型做法所产生的强大影响。居民再生水回用行为也受到这类从众行为的影响，更多的人去使用再生水，引导再生水回用氛围的形成，对于再生水回用的推广至关重要。同时恰当的政府治理措施也是不可或缺的重要外部因素。政府治理方面，研究发现，再生水知识普及与信息公开可以增加居民对再生水的安全感，提高居民对水资源的正确认知及爱护意识，从而对需求侧的行为能力产生积极作用，引导居民再生水回用行为，并且良好的氛围与制度也会影响居民的心理意识，从而促使居民采取再生水回用行为。

第 4 章 个体特征与再生水回用意愿、行为间的作用机理研究

依托于再生水回用影响因素的扎根分析，项目组获取到影响城市居民再生水回用行为的因素，包括需求侧、供给侧、外部环境三个方面。本章以此为基点，着重探索需求侧方面的潜在用户属性，即年龄、性别、教育水平等个体特征，以及价格感知、感知收益、风险感知等因素与再生水回用意愿和行为之间的作用机理。

4.1 研 究 模 型

本章依托于 TPB 和 ABC 理论展开。TPB 是研究社会行为的一种重要的理论模型，该理论指出一个人的行为可以由其行为意图驱动，这取决于态度、主观规范和感知行为控制[85，86]。态度是指个体认为行为的后果是积极的还是消极的；主观规范是指其他重要人物的支持行为的影响；感知行为控制是指对促进或抑制行为的各种因素的评估。TPB 不像过去的理论只关注态度对行为的影响，还将社会外部环境的影响纳入考虑，并延伸到阻碍人们做出某种行为的实际因素[87]。目前还很少有研究利用 TPB 来解释影响人们接受再生水的因素，也很少深入探讨阻碍人们的再生水使用行为的实际因素。

ABC 理论认为，环境行为是环境态度变量与外部环境相互作用的结果[88]。当外部环境非常有利或不利时，它们可能会显著促进或阻止行为。ABC 证实了内部态度因素和外部环境因素共同影响行为，验证了环境因素对态度与行为关系的调节作用。人们的行为决定或意图是由他们对物体的感知所决定的，而感知又受周围环境的影响。SCT 认为，意识在个人意识、外部情境和行为之间起中介和协调作用；意识直接影响个体的行为，而个体意识主要受外部情境的影响[89]。这些理

论为研究再生水使用意愿与再生水使用行为之间的关系提供了理论依据。通过对个体行为的分析，研究发现，行为意愿是指个人对于采取某项特定行为的主观概率的判定，它反映了个人对于某一项特定行为的实施意愿[90]。意愿是个体行为的心理表现，是行为的前奏[91]。研究人员认为，意愿和行为之间存在显著的相关性。意愿对实际行为的影响有两方面：一是意愿产生的承诺；二是意愿的实现过程[92]。当意愿不断提升达到可以产生实际行为的阈值时，实际的行为才能实现。

再生水回用行为是行为主体在识别出各种因素后做出的决定，它受到各种社会环境的制约和控制。影响居民使用再生水意愿的因素是什么？影响使用再生水的实际行为的因素是什么？意愿和行为之间有差距吗？这些都是在推广再生水的过程中遇到的现实问题。

为了促进城市居民的再生水回用行为，本章将研究导致人们使用再生水冲厕意愿和行为差异的因素，重点是探索如何有效地将再生水回用意愿转化为实际的使用行为。本章将建立意愿和行为的二元逻辑回归模型并进行分析，探索影响城市居民再生水使用意愿和实际使用行为的因素，这些因素是否存在差异，以及影响因素的重要性是否存在差异。本章将基于 TPB 建立表达再生水使用行为的扩展的 TPB，模型框架见图 4.1。

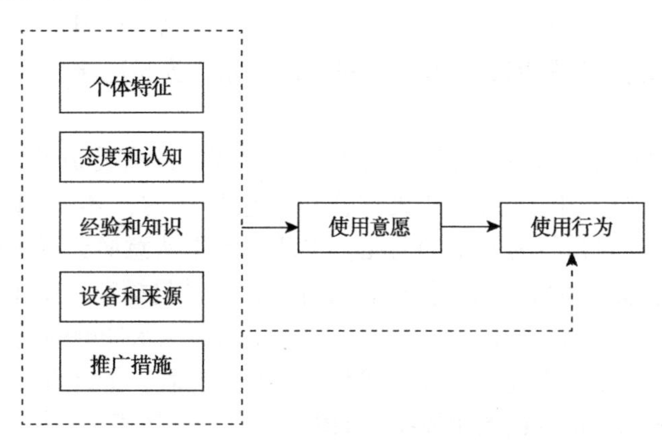

图 4.1　再生水使用意愿和行为的影响因素的扩展 TPB

4.2　数据收集与研究方法

4.2.1　数据收集

本章使用的数据来自 2021 年 6 月至 8 月进行的问卷调查，研究对象为北京市的城市居民。调查问卷包括对个人使用再生水冲厕的意愿和行为的评估，影响意愿和行为的因素的评估，以及人们对使用再生水冲厕的看法。之后，研究以意愿和行为的评估为因变量，以影响因素的评估为自变量，分别构建意愿和行为的二元逻辑回归模型。通过对模型的分析，进一步探讨导致再生水使用意愿和行为产生差异的因素。

北京市是一个人口密度高的超大城市，水资源短缺问题突出。天然水源不足以满足如此大的城市的日常用水需求，急需替代水源。雨水少的内陆城市不适合雨水回用和海水淡化，污水回用得到的再生水是最好的解决方案。因此，以北京市作为居民再生水使用行为的研究地点，也可以对其他大力发展再生水项目的城市起到示范作用。北京市是中国再生水产量最高、使用时间最长的城市之一。2003 年，北京市开始大规模使用再生水。目前，再生水已成为北京市稳定可靠的“第二水源”，主要用途包括园林绿化、洗车、道路清洁和冲厕。然而，再生水用于冲厕的利用率较低，还有很大的改进空间。集中式污水处理系统在安全性、可靠性、稳定性和经济可行性等方面对人口密集地区具有明显优势[93]。然而，一些研究表明，集中式系统是昂贵的，因为它们需要大规模的水管网络，投资成本高，运营和维护要求高[94]。因此，城市集中式污水处理系统和遍布社区的分散式污水处理系统已成为北京市冲厕用途再生水的主要来源[95]。生活和工业废水是污水回收的主要水源。居民家庭自来水的第一阶梯水价为 5 元/米^3，而再生水价格不超过 3.5 元/米^3。

本次研究对象为北京市 18 岁及以上的城市居民，所有受访者都来自提供冲厕用途再生水的社区，自建住房和集体住房不包括在内。本次调查共收集问卷 1 659 份。由于意愿是行为发生的前兆，本章侧重于从意愿到行为的转变，并没有深入探究不愿意使用再生水的受访者的行为，而是只探究有使用意愿的人的再生水实际使用行为。因此，被社区或房东要求使用再生水冲厕的受访者的 235 份问卷被排除在外。剔除上述因素和答案有缺失的问卷后，最终得到 1 195 份有效问卷。受访者和北京市居民的个体特征如表 4.1 所示。从表 4.1 中可以看出，样本的性别、年龄、教育水平和收入水平概况基本符合北京市人口的已知特征（数据来源于 2020 年 11 月 1 日中国第七次全国人口普查，北京市常住人口约为 2 189 万人），保证了受访者的社会人口多样性。

表 4.1 个体特征

变量	受访者			北京市居民	
	选项	人数	占比	选项	占比
性别	男性	517	43.3%	男性	49.6%
	女性	678	56.7%	女性	50.4%
年龄	18~30 岁	360	30.1%	20~29 岁	14.9%

续表

变量	受访者			北京市居民	
	选项	人数	占比	选项	占比
年龄	31~40 岁	393	32.9%	30~39 岁	21.2%
	41~50 岁	250	20.9%	40~49 岁	14.7%
	51~60 岁	121	10.1%	50~59 岁	14.8%
	61 岁及以上	71	5.9%	60 岁及以上	19.7%
教育水平	初中及以下	60	5.0%	初中及以下	27.7%
	高中及中专	166	13.9%	高中及中专	21.3%
	本科及大专	820	68.6%	本科及大专	42.7%
	研究生及以上	149	12.5%	研究生及以上	8.3%
收入水平	2 000 元以下	41	3.4%	2 000 元以下	20.0%
	2 000~5 000 元	234	19.6%	2 000~5 000 元	20.0%
	5 000~10 000 元	478	40.0%	5 000~10 000 元	20.0%
	10 000~20 000 元	319	26.7%	10 000~20 000 元	20.0%
	20 000 元及以上	123	10.3%	20 000 元及以上	20.0%

注：由于四舍五入，表中数据相加不等于 100%

4.2.2　变量选择

本章模型选择了 15 个影响因素作为自变量，这些因素可以划分为五个类别：个体特征、态度和认知、经验和知识、设备和来源、推广措施。前三类属于内部因素，后两类属于外部因素。以再生水用于冲厕的使用意愿和使用行为为因变量。表 4.2 显示了变量定义及其统计描述。

表 4.2　变量的定义和描述性分析结果

分类	变量	题项与评分	平均值	标准差
因变量	意愿	你是否愿意使用再生水冲厕？否=0，是=1	0.92	0.27
	行为	你是否正在使用再生水冲厕？否=0，是=1	0.35	0.48
个体特征	性别	男性=0，女性=1	1.57	0.50
	年龄	18~30 岁=1，31~40 岁=2，41~50 岁=3，51~60 岁=4，61 岁及以上=5	2.29	1.17
	教育水平	初中及以下=1，高中及中专=2，本科及大专=3，研究生及以上=4	2.89	0.67
	收入水平	2 000 元以下=1，2 000~5 000 元=2，5 000~10 000=3，10 000~20 000=4，20 000 元及以上=5	3.21	0.98
态度和认知	价格感知	你是否认为再生水的低价格很有吸引力？否=0，是=1	0.72	0.45
	感知收益	你认为推广再生水是否有益？完全没有=1，没有=2，一般=3，有益=4，非常有益=5	3.92	1.01

续表

分类	变量	题项与评分	平均值	标准差
态度和认知	风险感知	你认为使用再生水冲厕对健康有风险吗？完全没有=1，没有=2，一般=3，有风险=4，风险很大=5	2.12	1.08
	对政府的信任程度	你信任管理再生水的政府部门吗？不信任=1，一般=2，有点信任=3，非常信任=4	2.90	0.82
经验和知识	经验	你过去曾使用过再生水冲厕吗？1=不确定，2=没有，3=用过	1.93	0.89
	了解程度	你对再生水的相关知识了解吗？完全不了解=1，不了解=2，一般=3，了解=4，非常了解=5	2.91	1.10
设备和来源	设备安装便利性	你认为安装再生水设备方便吗？0=不方便，1=方便	0.57	0.50
	污水来源	你们社区使用的再生水来自哪里？1=不确定，2=市政集中式处理厂，3=社区分散式处理厂	1.88	0.94
推广措施	推广活动	你参加过再生水的推广活动吗？1=从未，2=偶尔，3=经常	1.63	0.63
	奖励措施	使用再生水会得到奖励吗？不确定=1，不会=2，会=3	1.71	0.66
	再生水知识普及程度	你如何获得再生水相关的信息？没有公开信息=1，不知道如何查询=2，信息方便查阅=3	1.81	0.69

如表 4.2 所示，本章选择的个体特征因素包括性别、年龄、教育水平和收入水平。态度和认知因素是指价格感知、感知收益、风险感知和对政府的信任程度。经验和知识因素是指使用再生水的经验及对再生水相关知识的了解程度。设备和来源是指再生水冲厕设备是否易于安装及再生水来自社区分散式污水处理厂还是市政集中式污水处理厂。推广措施因素包括是否参加过再生水推广活动、使用再生水的奖励措施及再生水知识普及程度。

4.2.3 研究方法

回归分析是一种定量描述变量之间相关关系的统计分析方法，可以通过一个或多个相关变量与某一被预测变量的相关关系建立回归模型，其中被预测变量就是因变量，用于预测因变量的一个或多个变量是自变量。由于影响再生水使用行为和意愿的各内部因素和外部因素并不都是定比变量，也有可能是定性变量，即只有“是”或“否”两种可能，不存在介于两者之间表示倾向的概率，因此本章使用逻辑回归模型。鉴于对再生水有无使用意愿和有无使用作为都只有“是”和“否”两个取值，所建立的模型也叫二元逻辑回归模型（binary logistic regression model）。模型建立如式（4.1）所示：

$$\text{Logit}(p)=\alpha+\beta_1X_1+\beta_2X_2+\cdots+\beta_iX_i \tag{4.1}$$

其中，p=0 或 1，为因变量，表示再生水使用意愿，0=不愿意使用，1=愿意使用；或者再生水使用行为，0=不使用，1=正在使用。α 为常数项，β_i 为与第 i 个预测变量 X_i 相关的回归系数，X_i 为自变量，即所有受访者的个体内部因素和外部环境因素。

建立模型后，对意愿和行为这两个回归模型进行拟合度检验。对逻辑回归模型的拟合度进行检验可以评价模型的预测效果，对于每一个自变量，都可以通过模型预测出事件发生的概率。如果模型预测的事件发生的概率大于或等于 0.5，事件会被逻辑回归模型判定为已经发生，在本章中是指受访者有使用意愿或有使用行为。如果概率小于0.5，则认为该事件不会发生，也就是说，受访者没有使用意愿或行为。拟合度检验就是将这种预测出的事件发生情况与问卷调查中受访者的回答进行比较，这样可以判断我们建立的模型是否可用。本章采用 Hosmer-Lemeshow 检验评估回归模型的拟合度，其原理在于判断模型的预测值与真实值之间的差异。研究选取的最佳临界值为 0.5；当 P 值大于 0.5 时，则认为预测值和真实值之间并无非常明显的差异，模型拟合良好；反之，当 P 值小于 0.5 时，则说明模型拟合度较差。Hosmer-Lemeshow 检验的 P 值越大越好。

4.3　研究结果与分析

问卷调查数据显示，在 1 195 名受访者中，92.0%表示愿意使用再生水冲厕，但实际使用的受访者只占总人数的 35.2%。与使用再生水冲厕的高意愿相比，实际有再生水使用行为的比例相对较低，意愿与行为之间存在巨大差异。要探究这种差异产生的原因，需要进一步分析意愿和行为的影响因素，并将这些影响因素作为变量纳入回归模型。

本章使用 SPSS 25.0 软件分析意愿和行为的回归模型，并进行模型拟合度检验。表 4.3 显示了各影响因素对使用再生水冲厕意愿和行为的影响。表 4.3 中 β 为模型的回归系数；P 值决定某一变量的影响是否显著，当 $P>0.05$ 时，结果无统计学意义；Exp（B）为优势比，度量某自变量对因变量影响程度的大小，意味着自变量每增加 1，结果发生的可能将乘以 Exp（B）的值。然后将根据影响因素的类别对模型进行深入分析。表 4.4 显示了两个回归模型的 Hosmer-Lemeshow 检验的拟合结果。意愿模型和行为模型的 P 值分别为 0.615 和 0.974，均大于 0.5，表明意愿模型和行为模型均具有较好的拟合效果。表 4.5 显示了回归模型的预测能力。结果表明，该模型对意愿分类的准确率为 92.6%，对行为分类的准确率为 79.3%。具体来说，98.5%回答有意愿使用再生水的受访者被意愿模型预测为有使用意愿，24.0%回答无意愿的受访者被预测为不愿意使用再生水；75.1%正在使用再生水的受访者被行为模型预测为有再生水使用行为，81.7%回答没有使用再生水的受访者被行为模型预测为没有再生水使用行为。

表 4.3 再生水冲厕的使用意愿和使用行为的差异

变量	意愿			行为		
	β	P	Exp（B）	β	P	Exp（B）
性别	0.087	0.740	1.091	0.207	0.203	1.230
年龄	−0.072	0.513	0.931	-0.376^{***}	0.000	0.687
教育水平	0.222	0.242	1.249	0.194	0.156	1.214
收入水平	0.016	0.912	1.016	−0.033	0.717	0.968
价格感知	0.876^{**}	0.001 1	2.401	−0.005	0.977	0.995
感知收益	0.716^{***}	0.000	2.046	−0.003	0.975	0.997
风险感知	-0.490^{***}	0.000	0.613	-0.199^{*}	0.013	0.819
对政府的信任程度	0.369^{*}	0.026	1.447	−0.205	0.068	0.815
经验	0.115	0.507	1.122	−0.104	0.271	0.901
了解程度	0.160	0.215	1.173	0.245^{**}	0.004	1.278
设备安装便利性	1.320^{***}	0.000	3.743	2.755^{***}	0.000	15.713
污水来源	−0.133	0.381	0.875	0.436^{***}	0.000	1.547
推广活动	−0.034	0.893	0.966	0.066	0.659	1.068
奖励措施	0.037	0.873	1.037	0.416^{***}	0.000 79	1.516
再生水知识普及程度	−0.064	0.770	0.938	0.092	0.456	1.097
常数项（α）	−1.664			−3.882		

* 表示 $P< 0.05$；**表示 $P < 0.01$；***表示 $P < 0.001$

表 4.4 使用 Hosmer-Lemeshow 检验对回归模型的拟合度检验结果

意愿			行为		
卡方值	自由度	P 值	卡方值	自由度	P 值
6.286	8	0.615[1)]	2.213	8	0.974[1)]

1）最佳临界值为 0.5

表 4.5 回归模型的预测能力

意愿				行为			
观察值	预测值		正确百分比	观察值	预测值		正确百分比
	否	是			否	是	
否	23	73	24.0%	否	632	142	81.7%
是	16	1 083	98.5%	是	105	316	75.1%
整体百分比			92.6%	整体百分比			79.3%

4.3.1 个体特征

受访者的性别对再生水冲厕意愿和行为的影响虽然没达到显著水平，但对冲厕意愿和行为的影响方向一致。与男性相比，女性更可能使用再生水冲厕，也更愿意使用再生水。调查显示，90.9%的男性愿意使用再生水冲厕，略低于女性的92.8%。实际使用再生水冲厕的男性比例为 33.1%，略低于女性的 36.9%。

年龄对再生水冲厕意愿的影响不显著，但对行为的影响通过了显著性检验（β=−0.376，P<0.001）。随着年龄的增长，人们使用再生水冲厕的可能性降低了。这表明，尽管使用再生水的意愿差异不显著，但与年轻人相比，老年人不太可能使用再生水冲厕。根据统计结果，18~30 岁的人群中有 44.4%使用再生水冲厕，31~40 岁的人群以 39.9%次之，61 岁及以上的人群中只有 12.7%使用再生水冲厕。年龄越大，意愿和行为的差距就越大，可能是因为老年人不知道如何安装再生水冲厕设备，也可能是因为年龄的限制不方便更换再生水设备。

教育水平对意愿和行为虽然没达到显著水平，但影响意愿和行为的方向是一致的。结果表明：教育水平越高，再生水使用意愿越高，使用行为也越多；有93.0%本科及大专学历的受访者表示愿意使用再生水冲厕，研究生及以上学历的人次之，为 92.6%，而初中及以下学历的受访者有使用意愿的比例最低，仅为78.3%。在使用行为上，研究生及以上学历的受访者有 40.3%正在使用再生水冲厕，其次是本科及大专学历的受访者，有 37.1%使用再生水，而初中及以下学历的受访者只有 18.3%正在使用再生水冲厕。

收入水平对使用意愿和行为的影响虽然没达到显著水平，但数据显示，收入高的人比收入低的人有更高的使用意愿，中等收入的人比高收入或低收入的人有更多的实际使用行为。在收入水平为 10 000~20 000 元的受访者中，有 42.6%的受访者使用再生水冲厕，而收入在 20 000 元及以上和 2 000 元以下的受访者使用再生水冲厕的比例分别为 34.1%和 19.5%。

4.3.2　态度和认知

对于再生水价格的关注对再生水使用意愿的影响在 0.01 水平上显著（β=0.876，P=0.001 1<0.01），但在使用行为模型上没有显著差异。结果表明，认为再生水价格有吸引力的参与者的意愿是不认为再生水价格有吸引力的参与者的 2.401 倍。统计数据显示，95.8%认为再生水价格有吸引力的受访者愿意使用再生水冲厕，显著高于不认为再生水价格有吸引力的受访者（82.1%）。

使用再生水的感知收益对再生水使用意愿有显著影响（β=0.716，P<0.001），但对再生水使用行为无显著影响。结果显示，认为推广使用再生水会带来好处的受访者的意愿是没有意识到这一点的受访者的 2.046 倍。感受到推广使用再生水带来的益处越多，使用意愿就越强。

风险感知对再生水使用意愿有显著的影响（β=−0.490，P<0.001）。对使用行

为在 0.05 水平上有显著影响（β=−0.199，P=0.013<0.05）。风险感知越低，使用再生水的意愿就越高，有使用行为的可能性也越大。反之，风险感知越高，使用意愿就越低，使用行为也越少。因此，风险感知是影响再生水使用意愿和行为的最重要的因素之一。

对政府部门的信任程度对再生水使用意愿有显著影响（β=0.369，P=0.026<0.05），但对再生水使用行为无显著影响。信任政府部门的受访者使用再生水的意愿是不信任的受访者的 1.447 倍。也就是说，信任程度越高，使用再生水的意愿越强。统计结果显示，表示“不信任”的受访者中只有 65.8%愿意使用再生水冲厕，而表示“有点信任”的受访者中有 95.2%愿意使用再生水冲厕，“非常信任”的受访者中有 97.3%愿意使用再生水冲厕。

4.3.3 经验和知识

使用再生水冲厕的经验对意愿和行为没有显著影响：86.1%的没有使用过再生水的受访者愿意使用再生水，这一比例略低于不确定是否使用过再生水的人的 90.9%和使用过再生水的人的 96.4%。只有 22.3%的在其他场所没有再生水冲厕经验的人正在使用再生水冲厕，低于“不确定”的受访者（31.5%）及曾在其他地方使用过再生水的受访者（46.7%）。总体而言，有使用再生水经验的人比没有使用再生水经验的人更愿意使用再生水冲厕，并有更多的实际使用行为。

了解程度对受访者的使用意愿没有显著影响，但对其行为有显著影响（β=0.245，P=0.004<0.01），表明了解的再生水知识越多，越有可能使用再生水。结果显示，对再生水“非常了解”的受访者中有 70.3%正在使用再生水，“了解”的受访者中有 41.2%正在使用再生水，“一般”了解的受访者中有 39.4%正在使用再生水，而“不了解”的受访者中只有 25.1%正在使用再生水，“完全不了解”的受访者中只有 18.0%正在使用再生水。也可能是那些使用再生水冲厕的人主动去了解了更多的再生水相关知识，从而提高了他们对再生水的了解程度，因为这一变量对使用再生水的意愿并没有显著影响。

4.3.4 设备和来源

设备安装便利性对再生水使用意愿有显著影响（β=1.320，P<0.001），对使用行为也有显著影响（β=2.755，P<0.001），研究表明认为设备安装便利的受访者的使用意愿是认为安装不便利的受访者的 3.743 倍；认为设施安装便利的受访者使用再生水的可能性是认为设施安装不便利的受访者的 15.713 倍。再生水设备安装越便利，受访者使用意愿越强，使用行为越多。认为安装不便利的受访者

中，只有 6.0%使用再生水冲厕，而认为安装便利的受访者中，有 57.7%使用再生水冲厕。设施安装的便利性在很大程度上解释了使用和不使用再生水的差异，极大地改变了居民使用再生水冲厕的可能性，这个变量是意愿和行为之间产生差距的主要原因之一。

再生水来自市政集中式污水处理厂还是社区分散式污水处理厂对使用意愿没有显著影响，但对使用行为有显著影响（$\beta=0.436$，$P<0.001$）；知道污水来源的受访者使用再生水的可能性是不知道的受访者的 1.547 倍。只有 16.6%的不知道污水来源的受访者将再生水用于冲厕，这明显低于来自社区（57.4%）和来自市政（53.3%）的占比。不知道污水来源的居民可能没有考虑过使用再生水或对再生水态度冷淡，也可能是使用再生水冲厕的居民主动去了解了再生水的来源。

4.3.5 推广措施

推广活动对使用再生水冲厕的意愿和行为无显著影响。在意愿方面，从未参加推广活动的受访者中有 88.8%的人愿意使用再生水，而偶尔参加推广活动的受访者中有 94%的人愿意使用再生水，经常参加推广活动的受访者中有 97.9%的人愿意使用再生水。在行为上，从未参加推广活动的人中只有 26%使用再生水，而偶尔参加推广活动的人中有 37.8%使用再生水，经常参加推广活动的人中有 71.1%使用再生水。可以看出，参加更多的推广活动可以提高居民使用再生水的可能性。

奖励措施对使用再生水冲厕的意愿没有显著影响，但对行为有显著影响（$\beta=0.416$，$P=0.000\,79<0.01$），有奖励措施的人使用再生水冲厕的可能性是没有奖励措施的人的 1.516 倍。此外，66.4%有奖励的受访者使用再生水冲厕，这远远高于没有奖励的受访者（38.6%）和不确定是否有奖励的受访者（22.4%）。可以看出，奖励措施是造成意愿和行为差距的另一个主要原因。以往的研究表明，提供实物奖励可以提高公众对环境保护活动的积极评价和参与意愿，对鼓励公众参与环境保护活动具有高度的积极影响。

虽然再生水知识普及程度对意愿和行为的影响没有通过显著性检验，但是调查结果显示，在选择“信息方便查阅”的受访者中，有 57.4%的受访者使用再生水冲厕，而选择“没有公开信息”及“不知道如何查询”的受访者中，只有 31.9%及 30.2%的受访者使用再生水冲厕。这说明，加强再生水信息的披露可以改善人们的使用行为。

4.4 研究结论

从结果可以看出，影响使用再生水冲厕意愿的最重要因素是设备安装便利性，其次是价格感知、感知收益、风险感知及对政府的信任程度这四项属于态度和认知方面的影响因素。设备安装便利性是最重要的外部环境因素之一，与其他内部因素一起影响着人们使用再生水的意愿。态度和认知方面的因素则对再生水使用意愿的影响更为直接和明显。

对于使用再生水进行冲厕的行为，设备安装便利性也是最重要的影响因素，其次是污水来源、奖励措施等其他外部环境因素，以及年龄、了解程度等内部因素。这些因素也是导致意愿和行为之间存在巨大差异的主要因素。设备安装便利与否在很大程度上决定了愿意使用再生水的居民是否会实际使用它，正如 TPB 所描述的，行为不仅受到态度的影响，还受到促进或抑制使用行为的各种实际因素的影响[91]，设备安装便利性正是促进或抑制使用行为的关键因素之一。ABC 理论已经验证了环境因素对态度与行为关系的调节作用。在本章中，由于再生水设施的安装不便，极大地阻碍了再生水在家庭中的使用，通过改善不利的外部环境因素可以极大地促进再生水回用行为。同样，了解程度和奖励措施也是影响再生水使用的外部因素。已有研究通过分析意愿与行为之间的相关系数，直接证明了意愿与行为之间始终存在的差距，认为意愿及行为的目的、时间稳定性、个体执行力等因素在意愿向行为的转化过程中起着共同作用。同时，个人的行为也会受到个人经历、习惯和外部因素的影响[96]。因此，意愿和行为并不总是一致的。有可能由于外部条件的影响，实际的行为无法实现，也就是说，从意愿到行为的转化被阻止了，或者个人的行为能力受到限制[97]。正如本章显示的那样，年龄越大的人使用再生水的可能性就越小。这可能是因为受访者的行为能力受到年龄的限制，阻碍了从意愿到行为的转化。另一种可能是，由于接收信息的渠道有限，老年人对再生水的了解比较少。因此，可以通过传统的宣传手段，如报纸、电视新闻和社区宣传活动，向他们提供再生水相关信息。另外，老年人的再生水使用行为也可能受到了身体条件的限制，可以为老年人提供方便的冲厕设备安装及后续维修维护的一站式服务模式。对于促进使用再生水冲厕的具体建议如下：在社区内设立再生水服务专用点，推广再生水回用，也可以帮助社区成员更容易地现场申请安装再生水设备，特别是对于不熟悉网络申请的社区居民；专用点还可以在社区内提供奖励措施，吸引其他社区居民使用再生水；今后专用点可由小区物业管理人员运营，保证社区内再生水系统以及设备的及时维修维护。

了解程度与行为之间的关系可以解释为了解程度越高的人越有可能使用再生水，即知识促进了人们对再生水的回用，这与以往研究的结论一致[98]。然而，也有可能这种显著的影响是因为人们使用再生水时积极地学习了解了更多关于再生水的知识。再生水知识普及和媒体宣传对个体的环境保护认知和行为具有较好的调节作用[99]。不同来源的信息可能导致不同程度的信任，从而影响个人或群体的行为决策。总体而言，知识的增加对使用再生水的意愿和行为有积极的影响。意愿与行为之间存在差异是不可避免的，因为总有促进或阻碍行为的因素。目前，公众对使用再生水冲厕的意愿较高，实际利用率较低只是暂时的。随着外部环境因素的改善，再生水冲厕的实际利用率必然会提高。

调查问卷显示，尽管有 35.2%的受访者正在使用再生水冲厕，但这些人中只有 14.0%的用户对再生水表示满意。在调查中，我们发现有 6.9%的用户表示更换漏水的再生水管道及损坏的水表的成本非常高；10.0%的用户表示再生水水质不好，有异色异味；10.2%的用户表示，再生水系统频繁损坏，影响日常生活；16.9%的用户认为上层住宅水压不足；11.9%的用户表示再生水管较自来水管更容易漏水；12.6%的用户表示，马桶容易被再生水腐蚀。针对这些问题，建议政府部门和再生水企业确保再生水水压，加强水质监管，提高再生水管道和设备质量，加强后续维修维护工作，这将有助于减少再生水冲厕用户重新改回使用自来水的情况。

第5章　主观规范与再生水回用行为之间的作用机理研究

依托于再生水回用影响因素的扎根分析和信息公开影响居民再生水回用行为的研究结论，项目组获取到影响城市居民再生水回用行为的因素，包括需求侧、供给侧、外部环境三个方面。本章以此为基点，进行需求侧方面的主观规范及外部环境的设施建设，以及供给侧方面的再生水回用用途与再生水回用行为之间的作用机理研究假设，并通过问卷抽样调查获取原始数据进行模型检验。

5.1　研究模型及研究假设

TAM 被广泛用于解释和预测人们对某种新技术的接受程度[73]。传统的 TAM 主要以感知有用性及感知易用性解释并推测使用者态度及行为意图，而感知有用性及感知易用性则受到外部因素影响。一方面，传统 TAM 对个人行为意图的解释存在局限，为此 Venkatesh 和 Bala 对其进行拓展，纳入了主观规范、风险感知等变量，进一步增强 TAM 的鲁棒性，更深入地解释了影响用户技术接受行为及意愿的诱因。另一方面，感知有用性代表居民认为使用再生水会给自身或社会带来益处。且由 2.4.1 节中的论述可知，可以用了解程度来代替传统 TAM 的感知有用性，以行为控制来代替感知易用性。本章选取主观规范、风险感知及设施建设对行为控制和了解程度进行解释。

主观规范是个体在决定是否做出某项行为时所感知到的外部压力，是帮助个体进行自我调节的主要外在动机之一。Hussain 等基于 TPB 检验了个人在应对碳排放时选择采用Zig-zag技术的态度及意图，研究结果再次证实了主观规范对新技术的采纳意向有显著影响[100]。基于已有研究成果，本章提出如下假设。

H5.1：主观规范正向作用于居民对再生水回用的了解程度。

在再生水回用情境下将风险感知的关注视角转向用户对于采纳新技术的心理状态，以进一步探究个人使用再生水时产生的负面情绪。Agogo 和 Hess 提出可以通过降低技术诱发的风险焦虑，从而减少用户感受到的技术压力[101]。Tsai 等为用户对采用远程医疗服务的风险感知提供了理论框架的实证支持，用户对使用远程医疗存在负面情绪时，将降低了解该技术的欲望，从而降低用户对该技术的了解程度[102]。基于已有研究成果，本章提出如下假设。

H5.2：再生水回用风险感知负向作用于再生水回用的了解程度。

设施建设是影响个体行为决策的信念因素，该因素衡量的是用户在多大程度上认为组织或技术的“支援体系”为自己使用该信息技术提供了便利。在本书中“支援体系”主要是指了解再生水知识的途径、再生水涉及的相关设施及居民实际能够使用再生水的机会等。基于已有研究成果，本章提出如下假设。

H5.3：设施建设正向作用于居民参与再生水回用的行为控制。

了解程度是指个人在使用新技术时所感知到的价值信念；行为控制是指个人在使用新技术时所感知到的使用难度或操作难度，行为控制也是技术了解程度的前置因素。基于已有研究成果，本章提出如下假设。

H5.4：行为控制正向作用于了解程度。

H5.5：了解程度正向作用于再生水回用行为。

H5.6：行为控制正向作用于再生水回用行为。

技术准备度（technology readiness index，TRI）旨在从多维度测量个体面对某种技术的整体心理状态，包括对此项技术的信心、公众情绪等。关于消费者的信念、认知、感受和动机在对产品和服务的评价方面既可能是促进因素，也可能是抑制因素，故该理论从乐观性、创新性、不适性和不安全感四个维度衡量个人准备采用某技术的意愿。

乐观性和创新性可视为个人使用技术的驱动力。对澳大利亚、中国和美国三国旅行者的在线调研结果证实，乐观性和创新性对技术驱动服务的总体满意度和可持续决策之间的关系具有正向调节作用[103]。Hung 和 Cheng 基于个人接受技术的心理状态和兼容性发现技术准备度的积极公众情绪正向影响虚拟社区中知识共享的采纳意愿[104]。基于已有研究成果，本章提出如下假设。

H5.7a：乐观性正向作用于再生水回用的了解程度。

H5.7b：乐观性正向作用于再生水回用的行为控制。

H5.8a：创新性正向作用于再生水回用的了解程度。

H5.8b：创新性正向作用于再生水回用的行为控制。

不适性和不安全感可视为个人使用技术的阻碍力。赵庆等发现在移动图书馆使用中不适性和不安全感对移动图书馆服务质量有负面影响[105]。Ali 等运用采集到的截面数据对所构建的消费者购买节能家居产品意向模型进行实证分析，发现个人购买节能型家庭产品的购买意愿随负面公众情绪的增加而降低[106]。基于已有研究成果，本章提出如下假设。

H5.9a：不适性负向作用于再生水回用的了解程度。

H5.9b：不适性负向作用于再生水回用的行为控制。

H5.10a：不安全感负向作用于再生水回用的了解程度。

H5.10b：不安全感负向作用于再生水回用的行为控制。

综上，提出再生水回用行为理论模型，见图 5.1。

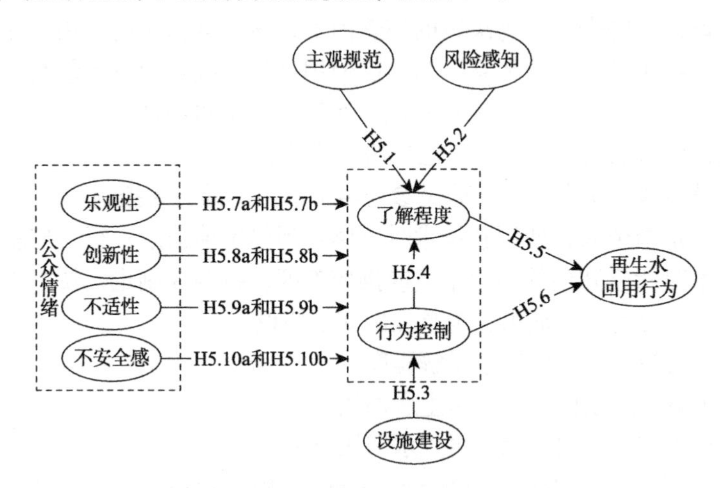

图 5.1 再生水回用行为理论模型

5.2 研究方法

5.2.1 量表设计

本书采用问卷调查的方式开展数据收集工作，在现有文献成熟量表的基础上整合本书量表，并根据公众对参与再生水回用意愿的研究情境进行修改。除个人信息外其余问卷题目回答均采用 5 级利克特量表。为消除理解偏误，在正式问卷调查开始前发放 55 份预调研问卷进行小样本测试，共回收 52 份有效预调研问卷，再依据预调研问卷的信度及效度剔除无效观察变量并完善观察变量表述，得到最终正式问卷。

5.2.2 样本选取与数据收集

本书在水资源紧缺及水环境污染矛盾较为突出的陕西省开展线下纸质问卷和线上电子问卷两个渠道的数据收集工作。2021 年 5 月 17 日至 6 月 9 日于西安市、咸阳市、渭南市主城区内共发放线下纸质问卷 312 份，从回收问卷中剔除明显逻辑错误及非完整问卷 17 份，回收有效线下纸质问卷 295 份；2021 年 5 月 9 日至 6 月 27 日以陕西省城市居民为调查对象共发放线上电子问卷 318 份，从回收问卷中剔除明显逻辑错误及非完整问卷 59 份，回收有效线上电子问卷 259 份。最终回收有效线下纸质问卷及线上电子问卷 554 份，问卷有效回收率 87.94%，其中男、女比例为 56.7%、43.3%。本书将所采集数据导入软件 SPSS 25.0 进行数据处理，并利用软件 Smart-PLS 2.0 及 Python 3.7 对模型进行两阶段分析。

5.2.3 分析方法

首先，结构方程模型的分析包括数据信度和效度分析以及模型拟合度分析两部分内容。数据信度和效度及模型拟合度分析的判定遵循 Hair 等发布的数据分析指南[107]。

1. 数据信度和效度的分析指标及判定标准

（1）单项信度：利用标准化因子载荷指标［简称载荷（Loading）］进行判定，判断标准是 Loading≥0.7。

（2）量表信度：项目组选取了利克特量表法中常用信度考验方法克朗巴哈系数（Cronbach's α）来测量量表信度，判断标准是 Cronbach's $\alpha \geqslant 0.7$。

（3）内部一致性：判定指标是潜变量组合信度（composite reliability，CR），判断标准是 CR>0.7。

（4）收敛效度：判定指标是平均抽取变异量（average variance extracted，AVE），判断标准是 AVE≥0.5。

（5）区别效度：采取 Fornell-Larcker 准则进行检验，判断标准是 AVE 的平方根>潜变量之间的相关系数。

2. 模型拟合度分析指标及判定标准

（1）路径系数的显著性：利用假设检验中常见的 P 值来进行判定，判定标准是 $P<0.05$。

（2）模型拟合效果：利用决定系数 R^2 进行判定，判定标准是 $R^2>0.5$。

（3）模型预测相关性：利用潜变量交叉验证的重叠性 Q^2 进行判定，判定标准是 $Q^2>0$。

此外，本书在传统结构方程模型（structural equation modeling，SEM）的分析基础上引入了人工神经网络（artificial neural network，ANN）分析方法，构建居民再生水回用行为的 SEM-ANN 两阶段模型，从再生水使用个体角度出发寻找制约再生水回用推广的关键因素。与结构方程模型和 Logistic 回归等其他传统统计方法相比，人工神经网络模型能够以较高的预测精度模拟复杂的线性和非线性关系，考虑将其引入结构方程模型后的第二阶段分析，既提高了所构建模型在模拟复杂线性和非线性关系时的精确性，又提升了人工神经网络对因果关系预测的适用性。

5.3 基于结构方程模型的再生水回用行为模型分析

5.3.1 数据信度与效度分析

本书通过载荷、Cronbach's α 值检验量表和所收集数据的信度。潜变量及观察变量的信度与效度检验指标见表 5.1。与观察变量相对，潜变量是指理论上存在但不能被直接精确测量的变量，如本书中的主观规范、风险感知等。观察变量是可以被直接测量的。在结构方程模型中，潜变量是通过一个或若干个观察变量来估计的。观察变量的载荷大于 0.7 则认定观察变量信度满足要求，问卷中 36 个观察变量的载荷在 0.777~0.863，说明单项信度满足判定要求。量表的信度判定要求 Cronbach's α 值应超过 0.7，本书所有潜变量的 Cronbach's α 在 0.711~0.894，满足判定要求，即所采用观察变量和收集数据均具备良好信度。且所有潜变量的 CR 均大于 0.7，说明这些潜变量具有良好的内部一致性。

表 5.1 潜变量及观察变量的信度与效度检验指标

潜变量	代码	观察变量	Loading	Cronbach's α	CR	AVE
主观规范	SN_1	对我的行为有重要影响的人认为我应该在生活中使用再生水	0.806	0.816	0.879	0.644
	SN_2	对我很重要的人认为我应该在生活中使用再生水	0.801			
	SN_3	我日常接触的大部分人认为应该在生活中使用再生水	0.814			
	SN_4	我现在的学校、公司、社区支持我在生活中使用再生水	0.789			

续表

潜变量	代码	观察变量	Loading	Cronbach's α	CR	AVE
风险感知	ANX_1	使用再生水对我不会产生任何焦虑	0.835	0.858	0.904	0.701
	ANX_2	使用再生水让我觉得很紧张	0.831			
	ANX_3	使用再生水让我觉得很不舒服	0.849			
	ANX_4	使用再生水让我感到很不安	0.834			
设施建设	FC_1	我生活区域周边的设施可以供我在生活中使用再生水	0.863	0.802	0.884	0.717
	FC_2	我在生活中有很多机会可以使用再生水	0.841			
	FC_3	我在生活中可以了解到关于再生水的知识	0.836			
了解程度	PU_1	我相信使用再生水提高了水资源的利用率	0.809	0.847	0.897	0.686
	PU_2	我相信使用再生水可以减少水资源的压力	0.826			
	PU_3	我相信使用再生水可以节约生活成本	0.836			
	PU_4	我相信使用再生水是一种保护环境的好方法	0.841			
行为控制	$PEOU_1$	我可以轻而易举地在生活中使用到再生水	0.854	0.818	0.892	0.734
	$PEOU_2$	我能识别再生水设施	0.860			
	$PEOU_3$	总的来说，我会在生活中使用到再生水	0.856			
乐观性	OPT_1	我认为使用再生水是一件感到新奇的事	0.792	0.741	0.852	0.658
	OPT_2	我认为再生水的使用让人们的用水行为更为环保	0.796			
	OPT_3	我开始意识到生活中接触再生水的机会比前几年多了	0.845			
创新性	INN_1	我对再生水会抱有比较大的兴趣	0.856	0.807	0.886	0.721
	INN_2	我总乐于尝试使用不同的新兴技术，比如再生水	0.842			
	INN_3	周围人喜欢向我寻求新兴技术方面的建议，如再生水	0.849			
不适性	DIS_1	现有的再生水推广方式对我深入了解再生水没有太大帮助，因为它们没有用我能理解的术语解释再生水	0.824	0.711	0.839	0.634
	DIS_2	当我从一些宣传栏或科普文章/视频中学习关于再生水知识时，我会觉得自己被比我更了解再生水技术的人利用了	0.777			
	DIS_3	许多新兴技术的健康或安全风险直到人们使用后才会被发现，如再生水	0.787			

续表

潜变量	代码	观察变量	Loading	Cronbach's α	CR	AVE
不安全感	INS_1	我认为过快地推广再生水的使用可能会对健康造成风险	0.855	0.796	0.880	0.710
	INS_2	我认为过快地推广再生水的使用可能会对环境造成风险	0.837			
	INS_3	我对现有再生水处理技术的安全性存有疑虑	0.834			
再生水回用行为	ACC_1	将再生水用于造林育苗	0.799	0.894	0.919	0.653
	ACC_2	将再生水用于小区、城市景观	0.818			
	ACC_3	将再生水用于城市道路冲洒	0.806			
	ACC_4	将再生水用于冲洗厕所	0.819			
	ACC_5	将再生水用于车辆清洗	0.780			
	ACC_6	将再生水用于消防用水	0.827			

效度评价由收敛效度评价和区别效度评价组成。由表 5.1 可知，每个潜变量的 AVE 值均满足高于 0.5 的判定要求，证明其取得良好收敛效度。区别效度采取 Fornell-Larcker 准则进行检验。由表 5.2 可知，所有潜变量 AVE 的平方根（在表 5.2 中以黑体字表示）均大于该潜变量与其他潜变量之间的相关系数，证明本书数据取得良好区别效度。

表 5.2　各潜变量间相关系数与 AVE 的平方根

变量	主观规范	风险感知	设施建设	了解程度	行为控制	乐观性	创新性	不适性	不安全感	回用意愿
主观规范	**0.803**									
风险感知	−0.707	**0.837**								
设施建设	0.789	−0.676	**0.847**							
了解程度	0.760	−0.665	0.694	**0.828**						
行为控制	0.769	−0.659	0.769	0.777	**0.857**					
乐观性	0.674	−0.593	0.672	0.713	0.703	**0.811**				
创新性	0.677	−0.580	0.682	0.692	0.710	0.640	**0.849**			
不适性	−0.571	0.477	−0.548	−0.678	−0.650	−0.555	−0.531	**0.796**		
不安全感	−0.749	0.621	−0.718	−0.784	−0.734	−0.704	−0.643	0.581	**0.842**	
回用意愿	0.640	−0.557	0.594	0.731	0.650	0.637	0.601	−0.546	−0.705	**0.808**

注：表中黑体字表示潜变量 AVE 的平方根

5.3.2　模型拟合度分析

通过路径系数的显著性、决定系数 R^2 和潜变量交叉验证的重叠性 Q^2 评估结构模型以判断模型拟合程度。显著性检验结果见表 5.3，各影响路径 P 值均小于 0.05，即各构面之间关系存在显著性。如表 5.4 所示，了解程度、行为控制、再生水回用行为的 R^2 分别为 0.763、0.730、0.551，均大于 0.5，说明模型拟合效果良好。了解程度、行为控制、再生水回用行为的 Q^2 分别为 0.490、0.507、0.336，远远高于阈值 0，表明该模型具有强烈的预测相关性。结构方程模型效应检验结果见图 5.2，结果明晰了各潜变量间的影响路径及其主要影响因素。

表 5.3　潜变量之间的标准化的路径系数值

影响路径	路径系数	标准差	T 统计量	P 值	显著性
主观规范→了解程度	0.128	0.048	2.642	0.008	**
风险感知→了解程度	−0.099	0.043	2.379	0.020	*
设施建设→行为控制	0.312	0.051	6.103	0.000	***
行为控制→了解程度	0.142	0.051	2.793	0.005	**
了解程度→再生水回用行为	0.569	0.061	9.257	0.000	***
行为控制→再生水回用行为	0.208	0.066	3.147	0.002	**
乐观性→了解程度	0.103	0.043	2.387	0.017	*
乐观性→行为控制	0.137	0.046	2.965	0.003	**
创新性→了解程度	0.105	0.043	2.415	0.016	*
创新性→行为控制	0.191	0.038	5.000	0.000	***
不适性→了解程度	−0.197	0.031	6.347	0.000	***
不适性→行为控制	−0.201	0.032	6.264	0.000	***
不安全感→了解程度	−0.269	0.044	6.180	0.000	***
不安全感→行为控制	−0.174	0.045	3.850	0.000	***

*表示 P<0.05；**表示 P<0.01；***表示 P<0.001

表 5.4　决定系数 R^2 和潜变量交叉验证的重叠性 Q^2 指标

变量	决定系数 R^2	阈值	构面交叉验证的重叠性 Q^2	阈值
了解程度	0.763	0.5	0.490	0

续表

变量	决定系数 R^2	阈值	构面交叉验证的重叠性 Q^2	阈值
行为控制	0.730	0.5	0.507	0
再生水回用行为	0.551		0.336	

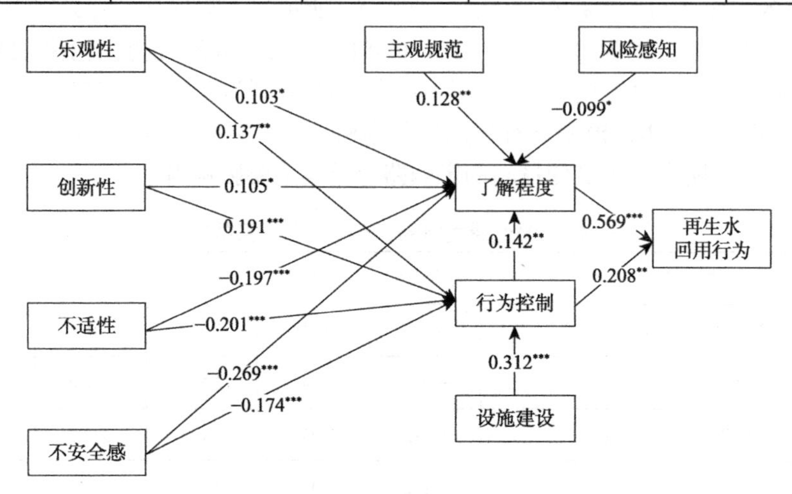

图 5.2 结构方程模型效应检验结果

*表示 $P<0.05$；**表示 $P<0.01$；***表示 $P<0.001$

5.4 基于 SEM-ANN 的再生水回用行为模型分析

5.4.1 SEM-ANN 模型建立

本书根据结构方程分析结果构建人工神经网络拓扑模型，见图 5.3。人工神经网络模型包含输入层、隐含层、输出层。为验证影响因子对相关因素的重要性，将结构方程模型中的显著潜变量所对应的观察变量 i_1~ i_{23} 作为神经网络模型输入节点。潜变量间关系及个数分别决定隐含层层数及神经元个数，人工神经网络模型中神经元间连接方式由外生潜变量对内生潜变量的影响路径决定。模型将标准化的变量荷载和潜变量间标准化路径系数作为各神经元间连接预估权重和输出层的期望权重，定义输入层预估权重 $W_i=\left[W_1,W_2,\cdots,W_{23}\right]$，隐含层预估权重 $V_i=\left[V_1,V_2,\cdots,V_{14}\right]$，输出层期望权重 $K_i=\left[K_1,K_2,\cdots,K_{13}\right]$。最后将内生潜变量所对应的观察变量 i_{24}~ i_{36} 作为模型的输出节点。对输入层和隐含层的预估权重及输出层的期望权重进行权重初始化处理后，采用 BP（back propagation）算法对

SEM-ANN 模型中各个节点的权重进行模拟训练。

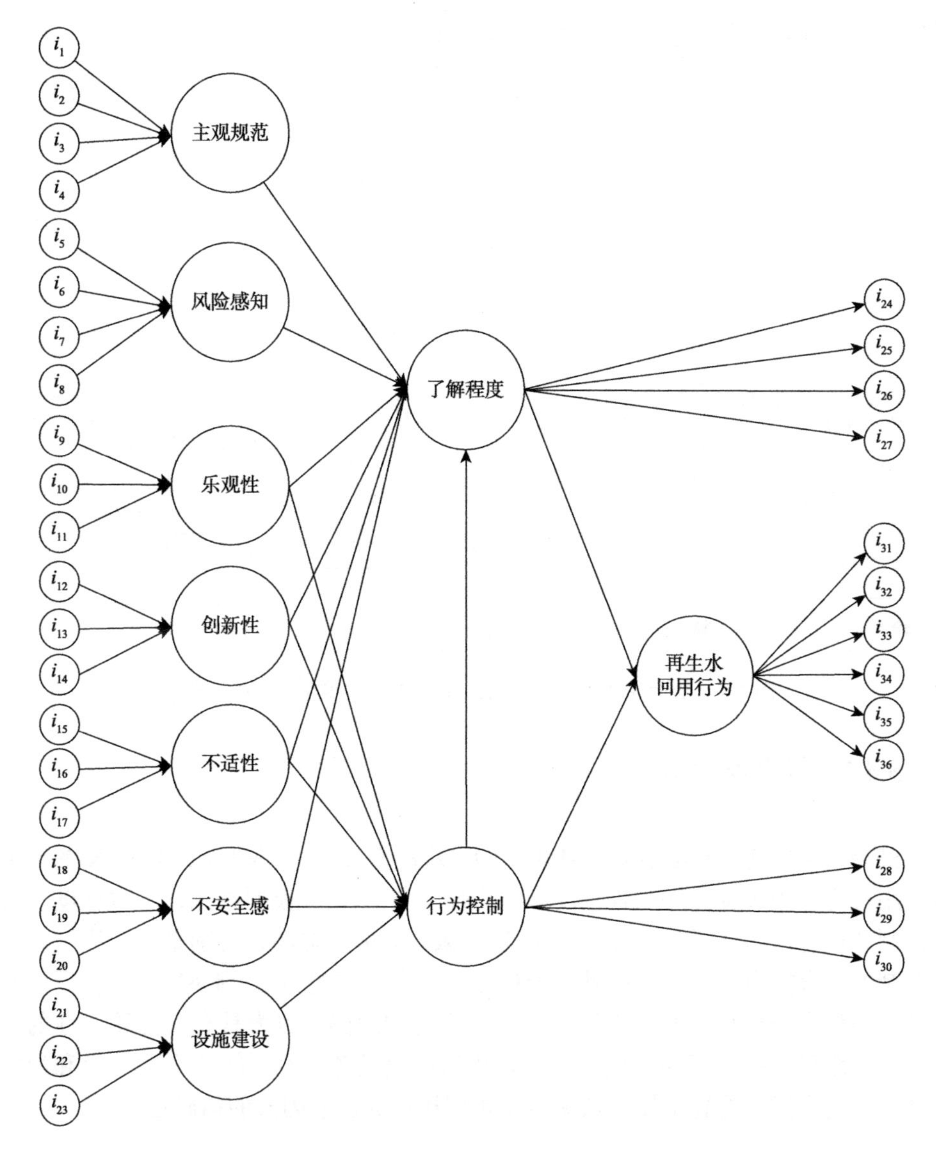

图 5.3　基于 SEM-ANN 的再生水回用行为模型

本书采用多层前馈神经网络，选取 Sigmoid 函数作为隐含层和输出层激活函数，如式（5.1）所示。利用 Python 对 SEM-ANN 训练模型进行编程，设置最大训练次数为 1 000 次，网络最小训练目标误差 e=0.001，学习效率为 0.1，当训练结果满足目标误差时得到最终模型权重 $V_i'=\left[V_1',V_2',\cdots,V_{14}'\right]$。基于 SEM-ANN 的再生水回用行为模型的训练过程见图 5.4。为了进一步直观比较各影响因素间的权重关系，根据式（5.2）对最终模型权重V'进行标准化处理得到隐含层各层间标准化相对权重$V'_{标准化i}=\left[V'_{标准化1},V'_{标准化2},\cdots,V'_{标准化14}\right]$。

$$f\left(x\right)=\frac{1}{1+e^{-1}} \tag{5.1}$$

$$V'_{标准化i}=\frac{V'_i}{V'_1+V'_2+\cdots+V'_{14}} \tag{5.2}$$

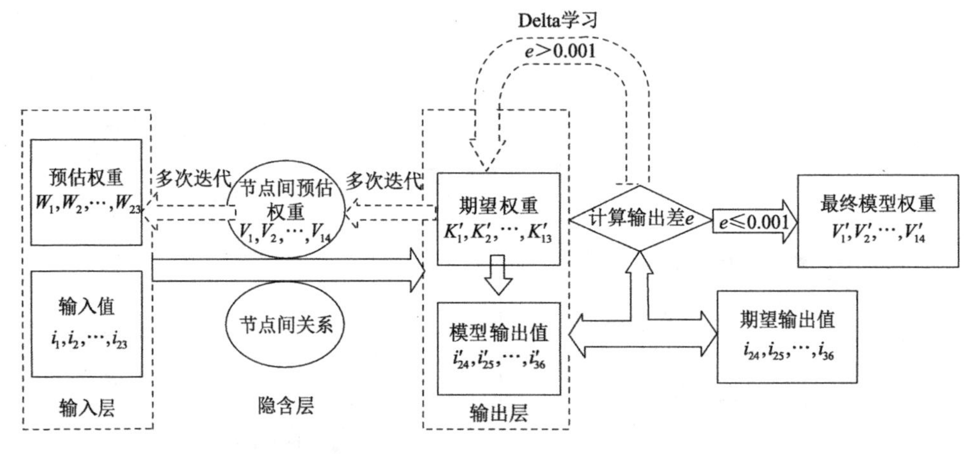

图 5.4 基于 SEM-ANN 的再生水回用行为模型的训练过程

5.4.2 模型结果分析

SEM-ANN 模型输出项的 RMSE 及 R^2 见表 5.5，证实基于 SEM-ANN 的再生水回用行为模型有着良好的收敛性和拟合性。与原SEM模型相比，了解程度、行为控制和再生水回用行为相应 i_x 的决定系数均有明显提高，特别是了解程度和行为控制的拟合能力有大幅度提升。分析结果证实所构建的 SEM-ANN 联合模型既弥补了结构方程模型对非线性关系解释力不足的缺憾，也为具有“黑箱”性的人工神经网络模型提供了输入层变量、输出层变量及各神经元间的影响路径和影响程度等结构支撑，提高了模型预测再生水回用行为影响因素的精确性。

表 5.5 SEM 模型和 SEM-ANN 模型的拟合指标

模型类型	指标名称	了解程度				行为控制			再生水回用行为					
		i_{24}	i_{25}	i_{26}	i_{27}	i_{28}	i_{29}	i_{30}	i_{31}	i_{32}	i_{33}	i_{34}	i_{35}	i_{36}
SEM-ANN	RMSE	0.198	0.189	0.250	0.244	0.195	0.156	0.155	0.238	0.245	0.276	0.254	0.254	0.286
	R^2	93.29%	94.88%	92.81%	93.20%	94.45%	95.46%	95.45%	95.02%	96.02%	94.65%	94.45%	96.46%	95.95%
SEM	R^2	43.06%	61.54%	56.56%	76.82%	51.71%	52.10%	51.30%	72.89%	86.36%	70.47%	80.92%	82.43%	87.91%

人工神经网络中隐含层各层间标准化相对权重见表 5.6。第二阶段中人工神经网络模型的结论也基本验证了结构方程模型中的结果。两阶段分析结果共同表明了解程度主要受到主观规范、不安全感、不适性和行为控制的影响，但在相对重要性的排序上存在一定差别，引入人工神经网络分析后主观规范的重要性排名大幅上升，而了解程度对不安全感的敏感程度有所下降；在了解程度的影响因素中，创新性、乐观性和风险感知的重要性排名较低，SEM-ANN 模型分析则认为风险感知的重要性略高于另外两者。两种分析方法均认为设施建设是影响行为控制的最主要因素，但是两种分析方法认为不适性和不安全感的重要程度有所差别。SEM-ANN 模型认为不安全感对行为控制的影响程度高于不适性，且乐观性对行为控制的影响最不显著，如表 5.6 所示；SEM 模型认为不适性对行为控制的影响高于不安全感对行为控制的影响，且乐观性对行为控制存在显著影响，如表 5.3 所示。两阶段分析均证实了解程度对再生水回用行为的影响明显高于行为控制。

表 5.6　影响因素相对重要性

影响路径	路径系数	标准化相对权重	影响路径	路径系数	标准化相对权重
主观规范→了解程度	0.128	0.276	设施建设→行为控制	0.312	0.289
风险感知→了解程度	−0.099	0.084	乐观性→行为控制	0.137	0.124
行为控制→了解程度	0.142	0.191	创新性→行为控制	0.191	0.142
乐观性→了解程度	0.103	0.047	不适性→行为控制	−0.201	0.197
创新性→了解程度	0.105	0.054	不安全感→行为控制	−0.174	0.248
不适性→了解程度	−0.197	0.158	了解程度→再生水回用行为	0.569	0.693
不安全感→了解程度	−0.269	0.191	行为控制→再生水回用行为	0.208	0.307

第 6 章　风险感知与再生水回用行为之间的作用机理研究

依托于再生水回用影响因素的扎根分析，项目组获取到影响城市居民再生水回用行为的因素，包括需求侧、供给侧、外部环境三个方面。本章以此为基点，进行需求侧风险感知、供给侧的再生水品质和回用用途与再生水回用行为之间的作用机理研究假设，并通过问卷抽样调查获取原始数据进行模型检验。

6.1　研究模型及研究假设

Davis 将社会心理学中的理性行为理论运用到用户对信息系统使用行为的研究中，提出了 TAM，认为用户对信息系统使用的态度会受到感知有用性和感知易用性的影响，从而影响到行为意愿。目前，我国再生水的推广进程依旧缓慢，因此，运用于新技术接受行为研究的 TAM 非常适合用于研究带有科技产品属性的再生水回用接受过程。且自从 TAM 应用于消费者行为研究领域以来，感知风险逐渐被重视，许多研究将感知风险纳入 TAM 基础模型[75, 76]。参照 2.4.1 节，本章同样以了解程度来代替 TAM 基础模型里的感知有用性，以行为控制来代替 TAM 基础模型里的感知易用性。基于以上分析，项目组建立如图 6.1 所示的理论模型，并提出以下假设。

H6.1：对再生水的了解程度，会正向影响居民的再生水回用行为。

H6.2：对再生水的了解程度会以公众情绪为中介，进而间接正向影响居民的再生水回用行为。

H6.3：再生水回用行为的行为控制会以公众情绪为中介，进而间接正向影响居民的再生水回用行为。

H6.4：再生水回用行为的行为控制会以了解程度为中介，进而间接正向影响

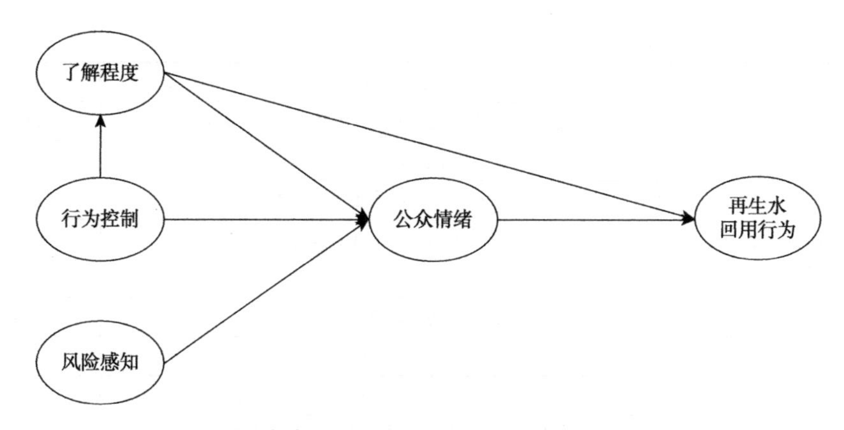

图 6.1　居民风险感知与再生水回用行为及行为之间的假设模型

居民的再生水回用行为。

H6.5：再生水回用行为的行为控制会以了解程度和公众情绪为中介，进而间接影响居民的再生水回用行为。

H6.6：风险感知会以公众情绪为中介，进而间接影响居民的再生水回用行为。

6.2 研 究 方 法

6.2.1 量表设计与数据收集

问卷设计参考相关领域成熟问卷，并采用 7 级利克特量表，1 表示“非常不同意”，7 表示“非常同意”。各变量的具体测度如表 6.1 所示。通过专业问卷调查网站和实地发放问卷两种形式收集研究所需相关数据。首先于 2018 年 11 月进行小范围的预调研，根据调研对象的反馈对问卷的题项、语言表达等进行修改。2018 年 12 月进行正式调研，通过专业的问卷网站“问卷星”发放问卷 343 份，同时在西安市的各广场、地铁、商场、运动公园等人流量较大区域共发放问卷 230 份。两种渠道共计回收 573 份问卷，剔除填答有明显规律、连续选择同一项等的无效问卷后，得到有效问卷 523 份，有效回收率 91.3%。其中，男性占总参与人数的 56.1%，年龄 30 岁以上占比为 56.1%，拥有本科及以上学历人数占 73.8%。

表 6.1　再生水回用问卷测量表

潜变量	测量问题项	来源
了解程度（PU）	使用再生水能减少对水资源的消耗	PU_1
	再生水回用保护了我们的环境	PU_2

续表

潜变量	测量问题项	来源
了解程度（PU）	使用再生水为我们的后代创造了更好的环境	PU_3
	使用再生水能节约生活成本	PU_4
行为控制（PEOU）	使用再生水对我而言是方便的	$PEOU_1$
	我能够承担使用再生水的风险	$PEOU_2$
	我能识别再生水设施	$PEOU_3$
	只要我想用就能用到再生水	$PEOU_4$
风险感知（PR）	使用再生水会影响我和我家人的健康	PR_1
	再生水回用项目会给项目所在地带来风险	PR_2
	再生水回用工程会因水质不达标影响居民安全	PR_3
公众情绪（ATT）	我认为再生水回用是可取的	ATT_1
	我认为再生水回用是重要的	ATT_2
	我认为再生水回用是明智的	ATT_3
再生水回用行为（ACC）	将再生水用于冲洗厕所	ACC_1
	将再生水用于城市道路冲洒	ACC_2
	将再生水用于洗车	ACC_3
	将再生水用于景观环境	ACC_4

6.2.2　分析方法

本节的分析包括数据信度和效度分析、模型适配度检验及假设检验三部分内容。

1. 数据信度和效度分析

数据信度和效度判定遵循 Hair 等发布的数据分析指南[107]，如下所示。

（1）单项信度：利用标准化因子载荷指标（简称载荷）进行判定，判断标准是 Loading≥0.7。

（2）量表信度：项目组选取了利克特量表法中常用信度考验方法 Cronbach's α 来测量量表信度，判断标准是 Cronbach's α≥0.7。

（3）内部一致性：判定指标是 CR，判断标准是 CR>0.7。

（4）收敛效度：判定指标是 AVE，判断标准是 AVE≥0.5。

（5）区别效度：采取 Fornell-Larcker 准则进行检验，判断标准是 AVE 的平方根>潜变量之间的相关系数。

2. 模型适配度检验

在前文已验证数据信度、效度均符合要求的基础之上，运用极大似然估计（maximum likelihood estimate，MLE）分析研究模型的拟合度。选取相对卡方值，另外还结合绝对适配指标和增值适配指标对模型最终拟合性进行判定。

1）绝对适配指标

拟合优度指数（goodness of fit index，GFI）：数值最大为 1，且数值越大，表示模型拟合程度越高；判定标准是 GFI>0.9。

调整后的拟合优度指数（adjusted goodness of fit index，AGFI）：数值最大为 1，且数值越大，表示模型与实际中的矩阵越接近。判定标准是 AGFI>0.9。

近似均方根误差（root mean square error of approximation，RMSEA）：代表渐近残差平方和的平方根。判定标准是 RMSEA<0.08。

2）增值适配指标

规范拟合指数（normed fit index，NFI）：数值为 0~1，越接近 1 表明模型拟合程度越高。判定标准是 NFI>0.9。

比较拟合指数（comparative fit index，CFI）：又称为 Tucker-Lewis 指数（Tucker-Lewis coefficien，TLI）数值为 0~1，越接近 1 表明模型拟合程度越高。判定标准是 CFI>0.9。

非规范拟合指数（non-normed fit index，NNFI）：又称为 Tucker-Lewis 指数（Tucker-Lewis index，TLI），数值为 0~1，越接近 1 表明模型拟合程度越高。判定标准是 TLI>0.9。

3. 假设检验

本章假设检验利用常见的 *P* 值来进行判定，判定标准是 P<0.05。然后，利用 Bootstrap 方法进行中介效应的检验。

6.3　结果及分析

6.3.1　信度及效度分析

本书首先采用 Cronbach's α 系数来检测问卷的信度是否符合要求。结果如表 6.2 所示。可以看出各部分 Cronbach's α 值均在规定标准范围内，说明数据内部一致性较好。所有潜变量的标准化因子载荷 Loading 均大于 0.7，符合判定标准。

CR 均大于 0.7，AVE 均高于 0.5，符合建议标准。

表 6.2 信度收敛效度表

潜变量	代码	Loading	CR	AVE	Cronbach's α
PU	PU_1	0.750	0.839	0.565	0.838
	PU_2	0.729			
	PU_3	0.793			
	PU_4	0.734			
PEOU	$PEOU_1$	0.772	0.874	0.634	0.873
	$PEOU_2$	0.780			
	$PEOU_3$	0.837			
	$PEOU_4$	0.795			
PR	PR_1	0.746	0.882	0.714	0.878
	PR_2	0.890			
	PR_3	0.891			
ATT	ATT_1	0.749	0.810	0.587	0.810
	ATT_2	0.782			
	ATT_3	0.767			
ACC	ACC_1	0.877	0.911	0.719	0.910
	ACC_2	0.834			
	ACC_3	0.884			
	ACC_4	0.794			

本章采取 Fornell-Larcker 准则进行区别效度检验，判断标准是 AVE 的平方根要大于潜变量之间的相关系数。从表 6.3 可看出，对角线上的 AVE 的平方根数值均大于同列的其他所有值，可以认为模型各潜变量之间具有良好的区别效度。

表 6.3 TAM 区别效度表

指标项	ACC	PR	PEOU	PU	ATT
ACC	**0.848**				
PR	−0.314	**0.845**			
PEOU	0.329	−0.309	**0.796**		
PU	0.531	−0.239	0.480	**0.752**	
ATT	0.502	−0.382	0.427	0.411	**0.76**

注：表中黑体字表示各潜变量 AVE 的平方根

6.3.2　模型适配度分析

本章运用极大似然法分析研究模型的拟合度。选取相对卡方值，另外还结合绝对适配指标GFI、AGFI、RMSEA，以及增值适配指标NFI、CFI、TLI，对模型最终拟合性进行判定。主要适配度检验指标：RMSEA=0.017，GFI=0.970、AGFI=0.960、NFI=0.972、TLI=0.995、CFI=0.996，这些拟合指标均达到了 6.2.2 节所列出的判定标准，由此判定模型拟合良好。

6.3.3　假设检验

如表 6.4 和图 6.2 所示，行为控制显著正向影响了解程度和公众情绪，系数 β 分别为 0.483 与 0.232；了解程度显著正向影响公众情绪和再生水回用行为，系数 β 分别为 0.237 与 0.385，H6.1 被验证成立；风险感知显著负向影响公众情绪，系数 β=−0.267；公众情绪显著正向影响再生水回用行为，系数 β=0.352。为了更深入探讨潜变量之间的关系，进一步对中介效果进行检验。本书采用 Bootstrap 方法检验路径 PU→ATT→ACC、PEOU→ATT→ACC、PEOU→PU→ACC、PEOU→PU→ATT→ACC、PR→ATT→ACC 的中介效果是否存在，具体指标见表 6.5。由表 6.5 可知，5 条路径的 $|Z| > 1.96$，说明这 5 条路径的中介效应检验结果均显著。同时，在 Bootstrap 方法中，Bias-corrected 95%置信区间与 Percentile 95%置信区间均不含 0，说明检验的 5 条路径的中介效应存在，即了解程度可以公众情绪为中介影响居民的再生水回用行为，还可直接作用于居民的再生水回用行为；了解程度和公众情绪都是行为控制和居民的再生水回用行为之间的中介因素；风险感知也可以公众情绪为中介影响居民的再生水回用行为。故 H6.2、H6.3、H6.4、H6.5、H6.6 均成立。

表 6.4　模型路径检验

作用路径	非标准化路径系数	标准化路径系数 β	P 值
PEOU→PU	0.381	0.483	***
PEOU→ATT	0.18	0.232	***
PU→ATT	0.233	0.237	***
PU→ACC	0.457	0.385	***
PR→ATT	−0.282	−0.267	***
ATT→ACC	0.426	0.352	***

***表示 $P < 0.001$

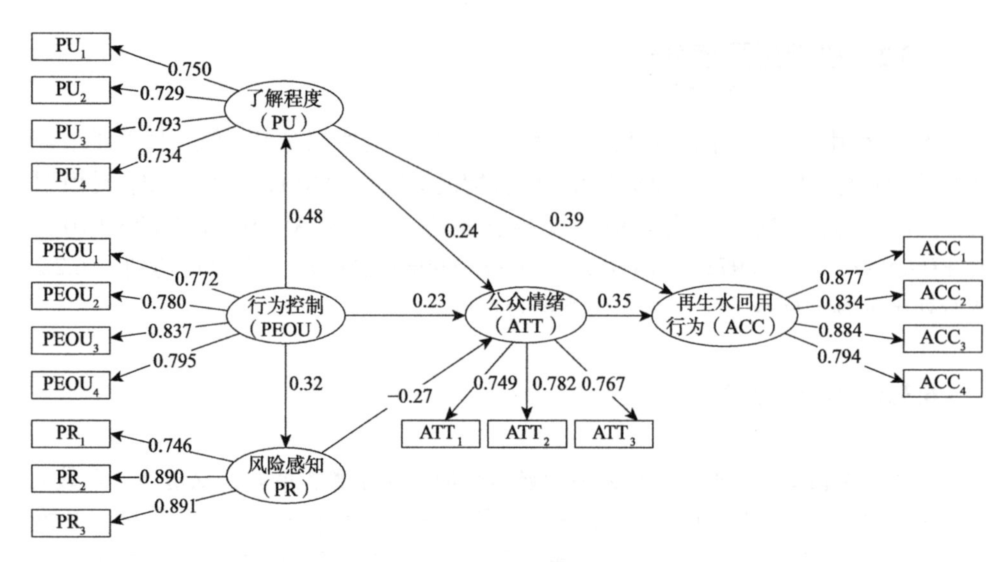

图 6.2　再生水回用模型路径图

表 6.5　中介效应检验表

作用路径	*Z* 值	Bias-corrected 95% 置信区间		Percentile 95% 置信区间	
		下限	上限	下限	上限
PU→ATT→ACC	2.912	0.043	0.178	0.041	0.175
PEOU→ATT→ACC	3.208	0.032	0.129	0.028	0.126
PEOU→PU→ACC	5.438	0.118	0.244	0.117	0.241
PEOU→PU→ATT→ACC	2.714	0.016	0.074	0.015	0.071
PR→ATT→ACC	−3.529	−0.196	−0.063	−0.194	−0.062

6.3.4　结果分析

本书从再生水技术接受过程和风险感知角度，分析了了解程度、行为控制、风险感知、公众情绪到居民再生水回用行为的作用路径。

行为控制到居民再生水回用行为的作用方式有 3 条，分别是以了解程度、公众情绪单独作为中介，以及以了解程度和公众情绪两个变量同时作为中介。了解程度可以直接作用于居民的再生水回用行为，也可以公众情绪为中介变量，间接作用于居民的再生水回用行为。因此，在再生水推广过程中，应宣传再生水对于缓解水资源紧缺和水环境恶化的重要作用，要将再生水与绿色、环保联系起来，让居民更多地了解再生水回用对环境保护的正外部性效应。

风险感知除了对公众情绪存在显著影响之外，还以公众情绪作为中介变量间接影响居民的再生水回用行为。考虑到目前我国再生水推广仍处于较低水平，研究中选取的再生水用途主要是冲厕、道路冲洒及洗车等与人体接触程度相对较低的用途，因此居民的风险感知相对较低。未来随着再生水的进一步推广，可以选取与居民接触程度更大的用途进行研究，如利用再生水清洗衣物、饮用等。以往学者研究也表明再生水与人体接触程度越高，人们对再生水的风险意识就越强烈。另外，我国居民对再生水的认知程度普遍较低，缺乏对再生水相关知识的了解，故公众对再生水的接受程度较低。因此，应通过多渠道宣传再生水知识，鼓励社区积极组织开展再生水知识普及活动，引导公众对再生水产生正确的认识，降低居民对再生水的风险感知。管理部门应提高再生水管理的透明度，定期监测再生水水质，建立有效报告机制，从而提高公众对再生水供应质量和管理水平的信心，消除公众对再生水的疑虑。

第 7 章　居民的情绪反应与再生水回用行为之间的作用机理研究

依托于再生水回用影响因素的扎根分析，项目组获取到影响城市居民再生水回用行为的因素包括需求侧、供给侧、外部环境三个方面。本章以此为基点，进行需求侧居民的情绪反应、供给侧再生水回用用途与再生水回用行为之间的作用机理研究假设，并通过问卷抽样调查获取原始数据进行模型检验。

7.1　情绪与再生水回用接受度之间的关系

7.1.1　数据收集与研究方法

项目组通过问卷调查方法对情绪与再生水接受度之间的关系进行研究。本章选择干旱缺水地区典型代表城市西安进行调研，共招募了 400 名参与者，参与者的有效样本为 378 个，参与者包括 134 名男性和 244 名女性，年龄范围分为 18~25 岁、26~35 岁、36~45 岁、46~55 岁、56~65 岁、65 岁以上。

为了研究参与者对再生水冲厕的情绪反应，项目组请参与者对使用再生水冲厕问卷中的警惕、愤怒、害怕、不安、悲伤、厌烦、失望、痛苦、满意、轻松、平静、兴奋、热情和快乐 14 类情绪分别进行自我评分。评分采用 5 级利克特量表，1 分表示完全没有这类情绪，5 分表示情绪非常强烈。此外，参与者还需对使用再生水冲厕的接受度进行打分，1 分表示完全不接受，5 分表示非常接受。

然后采用 k 均值聚类（k-means clustering）方法，利用欧氏距离的计算结果将参与者分组。研究人员将情绪评分模式相近的问卷分为一组，从而形成情绪聚类分组。通过比较来自不同组的参与者的再生水回用接受度，进而分析参与者的情绪与再生水回用接受度之间的关系。参与者还被询问如果使用再生水冲厕时他们关心的事情，以此来总结参与者的关注对象。参与者提到的关注对象是通过RDQA软件从问题回复的文本中提取的（RDQA是一种易于使用、可以用于协助分析文本数据的工具）。随后，我们对不同情绪聚类分组下的参与者提及的高频关联词进行定性比较。

7.1.2　结果及分析

1. 参与者情绪自我评分

参与者对使用再生水冲厕时自身所感受到的14类情绪进行自我评分的数据如图7.1所示，图中数据为平均值，分值越大表示感受到的这种情绪越强烈。

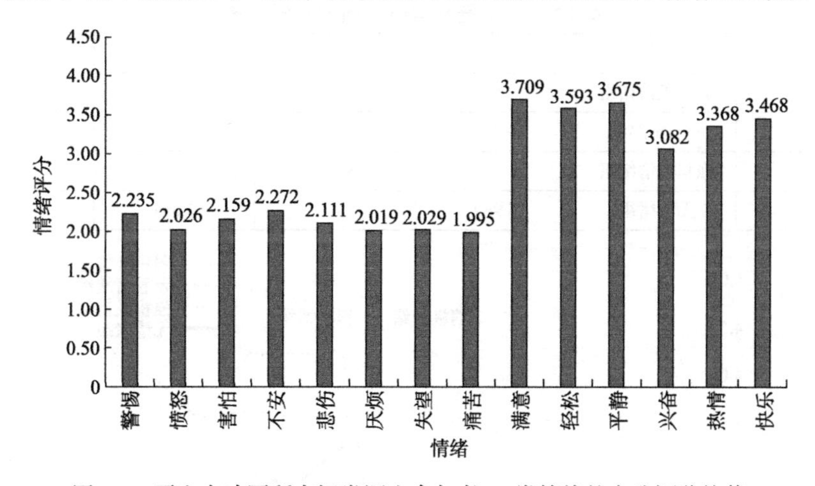

图7.1　再生水冲厕所有问卷调查参与者14类情绪的自我评分均值

2. 情绪评分的聚类分析

通过 k 均值聚类分析将拥有相似情绪的参与者分到一组，类与类之间的差异性用欧氏距离表示，欧氏距离越大，表示差异越大，结果如表7.1所示。可以看出，第1组与第3组之间的差异最大。为了判断参与者对14类情绪的自我评分对四个聚类的分类的影响是否显著，以四个聚类分组序号作为自变量，以所有参与者对14类情绪的自我评分为因变量，对14类情绪进行单因素方差分析（analysis of variance，ANOVA），计算得到的四个聚类14类情绪的 P 值都为0，表明根据14类情绪的评分划分的四个聚类之间存在显著差异，四个聚类的方案是可接受的、可靠的。我们将这四个聚类分别命名为“强积极情绪组”、“弱积极情绪组”、“无情绪组”和“矛盾情绪组”。“强积极情绪组”中的176名参与者的积极情绪分值都很高而消极情绪的分值低，如积极情绪满意、轻松、平静三者都超过了 4.2 分，消极情绪厌烦、愤怒均为 1.3 分左右；“弱积极情绪组”中的 33 名参与者的积极情绪分值低而消极情绪分值略高，如满意、兴奋、快乐的分值均为 2 分左右，警惕、失望和不安均为 3.7 分左右；“无情绪组”中的 77 名参与者的积极情绪与消极情绪分值都很低，如消极情绪痛苦 1.26 分，积极情绪兴奋 1.95 分；“矛盾情绪组”中的 92 名参与者的积极情绪与消极情绪分值都较高，如消极情绪害怕 3.59 分，积极情绪满意 3.61 分。图 7.2 显示了四个聚类分组中的情绪平均分值。从图 7.2 中可以看出，对于左半边的消极情绪，“弱积极情绪组”和“矛盾情绪组”的参与者们给出的评分明显高于其他两个组；对于右半边的积极情绪，“强积极情绪组”的参与者们给出的评分最高，其次是“矛盾情绪组”、“无情绪组”和“弱积极情绪组”。

表 7.1 四个聚类中心之间的欧氏距离

聚类	名称	1	2	3	4
1	弱积极情绪组	0			
2	矛盾情绪组	3.713	0		
3	强积极情绪组	7.580	5.898	0	
4	无情绪组	5.969	6.257	3.654	0

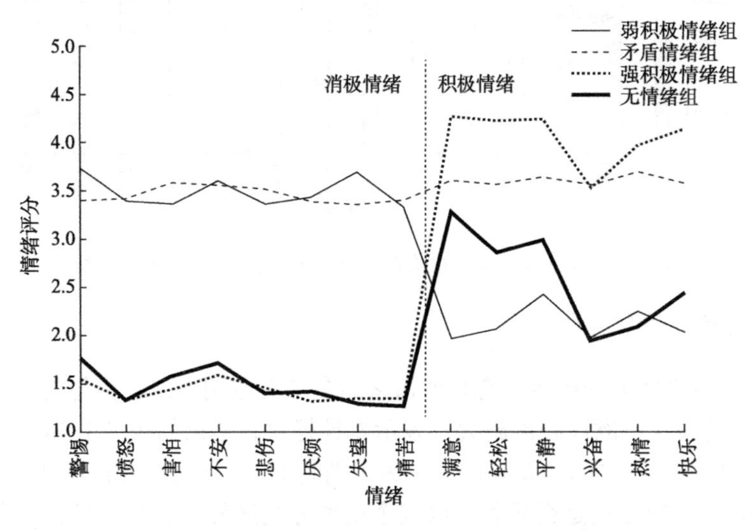

图 7.2 四个聚类参与者的情绪评分平均值

3. 四个聚类中参与者的再生水接受度

为了探索如何通过情绪聚类来预测居民对再生水回用的接受程度，本章根据四个聚类分组计算了再生水冲厕接受度平均得分，比较了四个不同聚类中参与者的再生水回用接受度。图 7.3 展示了每个聚类中参与者的再生水接受度。

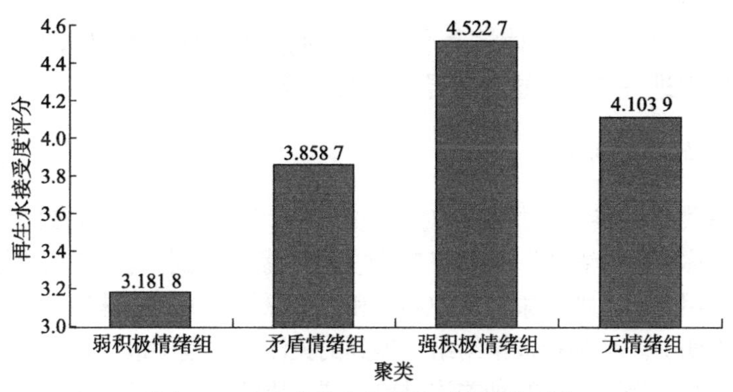

图 7.3　四个聚类参与者的再生水接受度

“强积极情绪组”对用再生水冲厕的接受度最高，评分均值为 4.522 7。“弱积极情绪组”的接受度最低，均值为 3.181 8。这两组之间的差异在 0.001 水平上显著。“矛盾情绪组”和“无情绪组”的接受度的均值分别为 3.858 7 和 4.103 9。

正态检验显示四个聚类中的数据的 P 值均小于 0.001，因此数据不服从正态分布，不能使用参数检验的方法比较四组数据。卡方检验是一种非参数检验，主要用于分类变量，能够根据样本数据推断观察频数与期望频数是否有显著差异，可用于推断两个分类变量之间的差异性。本书中四个聚类是我们根据需要划分出的分类变量，而并非互相独立的样本，因此适合使用卡方检验来比较四个聚类中参与者的再生水接受度的差异性。卡方检验的计算公式为

$$\chi^2 = \sum \frac{\left(f_0 - f_e\right)^2}{f_e} \tag{7.1}$$

其中，f_0 表示观察频数，在本书中观察频数为问卷调查所得的各聚类中的参与者在 5 个不同等级接受度间的人数分布，如“强积极情绪组”的 176 人中接受度为 1 分至 5 分的人数分别为 0、1、6、69、100；f_e 表示期望频数，是指假设四个聚类中参与者的接受度不存在差异，得出的参与者在 5 个不同等级接受度间的人数分布，如“强积极情绪组”有 176 人，所以期望得 1 分至 5 分接受度的人数均为 176/5=35.2 人。

本书使用 SPSS 25.0 软件进行卡方检验，结果表明，“强积极情绪组”和“弱积极情绪组”在接受再生水方面的差异极为显著，即 $\chi^2=75.377$，$P=0.000<0.001$。“强积极情绪组”和“无情绪组”的接受度之间具有显著差异，即 $\chi^2=20.293$，$P=0.000<0.001$。同样，“矛盾情绪组”和“弱积极情绪组”的接受度之间的差异显著，即 $\chi^2=17.970$，$P=0.001<0.01$。此外，“矛盾情绪组”和“弱积极情绪组”的接受度之间的差异显著，即 $\chi^2=17.970$，$P=0.001<0.01$。虽然图 7.3 中“无情绪组”的接受度高于“矛盾情绪组”，但“无情绪组”和“矛盾情绪

组”之间的接受度差异在统计学上不显著，即 $\chi^2=8.841$，$P=0.065>0.05$。我们会在之后的研究中进一步探讨这种差异产生的原因。

4. 参与者的关注对象

对四个聚类中的参与者的关注对象进行分析和比较。参与者被问到“对于使用再生水冲厕你有什么看法”时共有 79 种关注对象被提到，表 7.2 列出了这些关注对象，从最常用的词（如健康、保护环境和水资源保护）到特殊的专业性术语（如细菌、慢性损伤）。“强积极情绪组”提到的关注对象范围最广，包含了 72 种。“弱积极情绪组”提到了 22 种关注对象。“矛盾情绪组”和“无情绪组”分别提到 51 种和 41 种关注对象。图 7.4 显示了每个聚类的参与者频繁提到的关注对象的频率。如表 7.3 所示，四个聚类最常提到的对象包括水资源保护、推广和安全。

表 7.2 参与者的关注对象列表

细菌	节约用水	充分利用	保护环境	浪费	健康	心理	人体
达标	清洁	水质	影响	循环	伤害	技术	水资源保护
污水	自来水	卫生	水价	成本	生活	冲洗	家庭
社区	感觉	恶心	标准	人类	微生物	废水	有毒
重金属	管道	维修	安全	担心	有害物	气味	信任
人口	工业	信息	农业	病毒	管理	异色	水资源短缺
浑浊	发展	马桶	政府	水表	害怕	停水	高性价比
绿化	植物	水源	生态	洗衣服	不愿	科技	处理流程
节能	污染	消毒	系统	满意	净化	困惑	慢性损伤
推广	有利	空气	设施	再利用	法规	希望	

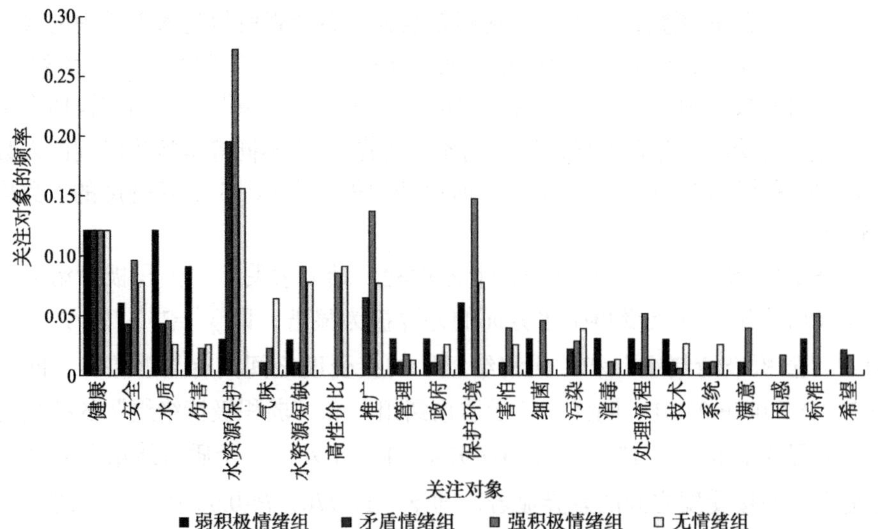

图 7.4 四个聚类中的参与者频繁提到的关注对象的频率

表7.3　四个聚类中参与者最常提到的前五个词语

排序	弱积极情绪组	矛盾情绪组	强积极情绪组	无情绪组
1	健康	水资源保护	水资源保护	水资源保护
2	水质	推广	保护环境	高性价比
3	伤害	健康	推广	推广
4	安全	安全	安全	水资源短缺
5	保护环境	水质	水资源短缺	安全

5. 结果分析

本节旨在研究普通民众对用于冲厕用途的再生水的情绪反应，以及这些情绪与个人接受度之间的关系。这些情绪根据评分被总结并分为四个情绪聚类小组。作为情绪和接受度之间的连接点，本节还对不同聚类中参与者的关注对象进行了比较。

定量结果表明，情绪聚类在接受度水平上呈现出明显的多样性。“强积极情绪组”表现出了高度的满意、平静和轻松，比其他三组更容易接受再生水。“无情绪组”比“强积极情绪组”表现出更低的接受意愿，但比“矛盾情绪组”表现出更高的接受意愿。此外，“弱积极情绪组”表现出了较低程度的满意或兴奋，但表现出高度的警惕和失望，对再生水的接受度最低。综上所述，本书发现，对再生水的积极情绪反应预测了对再生水的接受程度较高，而消极情绪反应预测了对再生水的接受程度较低。

通过对关注对象进行定性比较发现，不同情绪状态的人关注的对象不同。具有较强积极情绪的参与者提及频率最高的词是“水资源保护”。消极情绪较强的参与者最常提到“健康”一词。这表明，更关心水资源保护的人倾向对再生水产生积极的情绪反应并愿意接受再生水，而更关心自身健康的人对再生水产生更多消极的情绪反应并抗拒再生水。

7.2　水处理专家和普通民众对再生水用于冲厕和饮用的接受程度

7.2.1　数据收集与研究方法

在本节中，我们进一步研究水处理专家和普通民众两个群体对使用再生水冲厕和饮用的关注对象和接受度之间的关系。项目组通过互联网共收集了357份有效问卷，参与者全部来自陕西省。其中，通过电子邮件将问卷发送给水处理专家，得到的有效问卷共 34 份，参与者由 9 名女性和 25 名男性组成，平均年龄 46 岁，对于污水处理技术有深入了解并从事相关工作；通过在线问卷收集普通民众的有效问卷 323 份，参与者包括女性 204 名，男性 119 名，年龄范围分为 18~25 岁、26~35 岁、36~45 岁、46~55 岁、56~65 岁、65 岁以上。研究人员询问了参与者对冲厕和饮用这两种用途再生水的接受程度，评分为百分制，其中 0 分表示完全不接受，100 分表示非常接受，并且还询问了接受或不接受的原因。然后，对这两组样本量差异较大的数据进行了非参数检验。

参与者被问道："如果再生水用于冲厕/饮用，你关心哪些问题？"本书使用 RQDA 软件对水处理专家和普通民众回答的文本进行分析。首先，从参与者的问卷文本中提取频率最高的单词和短语，作为他们的关注对象。其次，对水处理专家和普通民众中个人对再生水回用的接受程度进行了定量比较。最后，从范围和频率方面对水处理专家和普通民众之间的关注对象进行定性比较。

7.2.2 结果及分析

1. 接受度的曼-惠特尼秩和检验

正态检验结果表明，水处理专家和普通民众这两组数据的 P 值均小于 0.001，表明数据不服从正态分布，不能使用参数检验的方法比较两组数据。曼-惠特尼秩和检验（Mann-Whitney U test）是适用于比较两个独立样本差异性的非参数检验，目的是检验这两个样本的均值是否有显著的差异。本书中的水处理专家组和普通民众组为两个独立的样本。因此，为了确定水处理专家和普通民众对冲厕和饮水的再生水接受度的均值是否存在显著差异，我们采用了曼-惠特尼秩和检验的方法。检验步骤如下：首先计算两个样本的秩和 R_1 和 R_2，计算方法是，合并两个样本，将两个样本按接受度的分数从小到大排序，R_1 和 R_2 分别是样本 1 和样本 2 的数据排序序号的和。例如，在本书中，34 名水处理专家和 323 名普通民众合并为 357 人的样本，这 357 人中对再生水接受度最小的排序序号为 1，第二小的排序序号为 2，以此类推，若接受度相等，则取这几个接受度的排序的平均值作为其排序序号，序号相加则为秩和。对于再生水用于冲厕，34 名水处理专家的接受度分数在 357 人中的排序序号相加，得到的秩和为 6 061，323 名普通民众的接受度排序序号相加为 57 842；对于再生水用于饮用，水处理专家和普通民众的秩和分别为 4 648 和 59 255。

然后计算两个样本的 U 值，公式分别为

$$U_1 = R_1 - n_1(n_1+1)/2 \tag{7.2}$$

$$U_2 = R_2 - n_2\left(n_2 + 1\right) / 2 \tag{7.3}$$

其中，n_1 和 n_2 分别表示样本 1 和样本 2 的样本量，选择 U_1 和 U_2 中较小的一个作为 U 值，根据 U 值可以计算出 Z 值，计算公式为

$$Z = \frac{U - \frac{n_1 n_2}{2}}{\sqrt{\frac{n_1 n_2\left(n_1 + n_2 + 1\right)}{12}}} \tag{7.4}$$

我们使用 SPSS 25.0 软件对两组数据进行曼–惠特尼秩和检验，通常用 P 值来表示差异的显著性。对于冲厕用途，水处理专家和普通民众接受度的平均分数分别为 81.34 和 92.00，分析结果为：U=5 466，Z=−0.049，P=0.961>0.05，说明在统计学上无显著差异；对于饮用用途，水处理专家和普通民众接受度的平均分数分别为 19.18 和 29.03，分析结果为 U=4 053，Z= −2.553，P=0.011<0.05，说明具有显著的统计学差异。可以看出在这两种用途中，普通民众的再生水接受度始终高于水处理专家。

2. 两类人群的高频词

表 7.4 列出了对于再生水用于冲厕用途，参与者最频繁提到的词。水处理专家和普通民众最频繁提及的词均是“节水”，它指出了使用再生水所带来的好处是可以节约自来水。水处理专家还经常提到“水资源”、“水质”和“公共项目”。对于普通民众，第二频繁提及的词是“保护环境”，其次是“清洁”和“水资源”。如表 7.5 所示，对于饮用用途，水处理专家和普通民众最频繁提及的词均为“健康”。水处理专家频繁使用的词还有“安全”和“清洁”，普通民众大多提到了“清洁”和“质量标准”。

表 7.4　对于再生水冲厕用途水处理专家和普通民众提到最多的十个词

排序	水处理专家（34 人）	次数	频率	普通民众（323 人）	次数	频率
1	节水	8	23.53%	节水	104	32.20%
2	水资源	7	20.59%	保护环境	66	20.43%
3	水质	5	14.71%	清洁	37	11.46%
4	公共项目	4	11.76%	水资源	28	8.67%
5	管道	4	11.76%	经济高效	27	8.36%
6	市民	4	11.76%	水质	24	7.43%
7	费用	4	11.76%	废水	23	7.12%
8	自来水	3	8.82%	再利用	18	5.57%
9	水质	3	8.82%	社区	13	4.02%
10	健康	3	8.82%	安全	12	3.72%

表 7.5 对于再生水饮用用途水处理专家和普通民众提到最多的十个词

排序	水处理专家（34 人）	次数	频率	普通民众（323 人）	次数	频率
1	健康	9	26.47%	健康	112	34.67%
2	安全	6	17.65%	清洁	63	19.50%
3	清洁	6	17.65%	质量标准	49	15.17%
4	废水	6	17.65%	安全	39	12.07%
5	质量标准	5	14.71%	水质	34	10.53%
6	水质	4	11.76%	心理	26	8.05%
7	心理	3	8.82%	伤害	25	7.74%
8	轻松	3	8.82%	水资源	18	5.57%
9	污染	3	8.82%	节水	15	4.64%
10	厌恶	2	5.88%	消毒	15	4.64%

如表 7.4 和表 7.5 所示，两组不同人群提到的关注对象数量不同，提及的词汇也有很大差异。对于冲厕用途，许多水处理专家提到了“管道”和“自来水”，但普通民众没有提及。对于饮用用途，一些水处理专家提到了“轻松”和“厌恶”，这表明了对再生水的正面和负面情绪反应。许多普通人提到了“伤害”一词，这意味着他们担心饮用再生水带来伤害，但他们直接提到的情绪相关词汇很少。此外，这两类群体表达了不同的关注对象，这说明两组人接受或不接受再生水的原因不同。

3. 结果分析

普通民众比水处理专家更愿意接受再生水，饮用用途的差异更为明显。两组人群的情绪反应存在显著差异。普通民众的关注对象更多的是关于再生水本身的，如水质、保护环境、清洁等，几乎没有情绪方面的表达；而水处理专家组提到了更多与自身相关的关注对象，如健康、安全，以及情绪方面的词语，如轻松、厌恶等积极与消极情绪。这种情况类似于“无情绪组”和“矛盾情绪组”。项目组用身份认同解释了这一情况，普通民众的生活中受到再生水影响很小，所以表现出的情绪也很少；水处理专家组由于身份认同，在生活中与再生水联系更紧密，受到影响的关注对象也更多，如工作、技术水平、健康等，所以情绪也更强烈。更强烈的消极情绪导致了风险感知的提高，从而降低了对再生水的接受度，而增强的积极情绪尽管提升了接受度，但仍不如降低程度。这一结论也与早前研究中的结论相符，即持有矛盾情绪的人更容易受到消极情绪的影响。

研究的结果启示我们在进行再生水宣传时，如何让人们在了解再生水的同时不增加他们的消极情绪非常重要，尽量避免对人们的关注对象产生影响或许可以让居民在认识再生水的同时不提高他们的风险感知。

第 8 章　缺水信息公开与再生水回用行为之间的作用机理研究

依托于再生水回用影响因素的扎根分析，项目组获取到影响城市居民再生水回用行为的因素，包括需求侧、供给侧和外部环境三个方面。本章以此为基点，进行外部环境方面的缺水信息公开与再生水回用行为间作用关系研究假设，并通过问卷抽样调查获取原始数据进行模型检验。

8.1　研究模型及研究假设

公众对相关信息的掌握程度对其认知会产生很大影响，甚至会直接影响其对某件事情的决策。当前关于信息披露对公众或群体行为影响的研究主要集中在经济学方面，生态环境信息披露对公众行为影响方面的研究较少，鲜有研究从公众对地区水资源短缺信息掌握程度等的角度研究居民再生水回用意愿。将地区缺水信息公开程度等因素引入公众再生水回用意愿影响因素的研究中，可以更全面地分析影响公众再生水回用意愿的因素及其作用机制，也有利于再生水回用措施顺利推广和居民环保行为意识进一步提高，促进区域环境保护和社会经济可持续发展。基于此，本章从地区缺水信息公开程度的角度入手，探索地区缺水信息公开程度对居民再生水回用行为的作用机理。

SCT 认为，个人认知对行为意愿有重要影响，个体的行为是个体受到其思维和对事物认知的影响并做出行动的过程，认知的变化将影响到个体或者群体的行为意愿。水环境问题感知和水环境保护意识对某些具体的亲环境行为意愿会产生影响，即居民对环境的认知越高及水环境保护意识越强，越倾向实施更多的环保行为，越容易接受再生水回用。相反，居民对再生水回用的健康风险意识越强，越不容易接受再生水回用。基于此，本章提出以下待验证的假设。

H8.1：居民的水环境问题感知正向影响居民再生水回用行为。

H8.2：居民的水环境保护意识正向影响居民再生水回用行为。

H8.3：居民对再生水回用的风险感知反向影响居民再生水回用行为。

根据 SCT，个体的行为意愿决定了环境中的社会形态，同时也会受到外部环境的影响。个人的意识和认知能力并不是一成不变的，而是受到外部环境的影响。信息会调节个体对事物的认知进而对其行为意愿产生影响。人的判断不总是理性的，而是依靠其自动激活的认知或信息在头脑中的组织形式、外部资源与机遇以及内部意识去决定其行为意愿。人们对环境问题的认知与反应，并不单纯来自自身体验。在信息多元化的时代，人们接触到的环境知识和信息源都可能改变环境问题认知与环境行为之间的关系。环境信息获得及水环境问题感知水平会影响人们对环境行为的意愿，进而影响环境问题的决策，而环境信息和认知的缺乏会限制个体的环境行为。居民对再生水回用的行为意愿受自身对环境变化的认知、对水环境保护的意识和对再生水回用的风险感知的影响。同时，地区缺水信息的披露等外部因素通过调节居民环境保护意识和感知而对居民再生水回用行为产生影响。

地区缺水程度信息的披露将会增强居民对水环境问题感知和对水资源保护意识，会降低居民对再生水回用的风险感知，从而影响居民对再生水使用的意愿。基于此，本书认为地区缺水信息的披露对环境问题的认知与再生水回用行为意愿具有调节作用，并提出以下待验证的假设。

H8.4：缺水信息公开通过影响居民水环境问题感知间接影响居民再生水回用行为。

H8.5：缺水信息公开通过影响居民水环境保护意识间接影响居民再生水回用行为。

H8.6：缺水信息公开通过影响居民风险感知间接影响居民再生水回用行为。

根据 SCT 和研究假设，本书建立缺水信息公开对居民再生水回用的作用机制模型，如图 8.1 所示。运用再生水回用行为测量量表和缺水信息公开、水环境问题感知、水环境保护意识和风险感知的测量量表分析缺水信息公开对再生水回用行为的作用。

其中，水环境问题感知、再生水回用行为和水环境保护意识分别由三个观察变量测量；风险感知由两个观察变量测量。

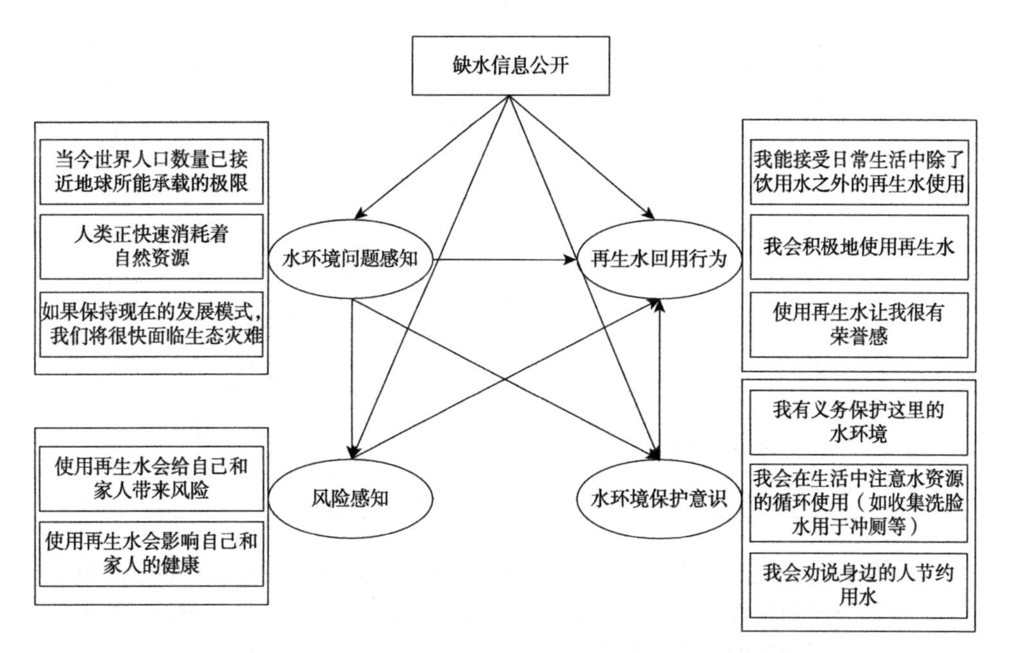

图 8.1　缺水信息公开对居民再生水回用的作用机制模型

8.2　量表设计与数据收集

本书采用问卷调查的方法收集数据。问卷分为两部分：一部分是被调查者的年龄、性别、家庭人口和收入水平等基本信息；另一部分是居民对缺水信息的了解程度、对环境的认知、水环境保护意识、再生水回用的风险感知和再生水回用行为等，如表 8.1 所示。由于缺水信息公开无法直接测量，而居民对当地缺水信息的了解程度可以间接说明缺水信息公开的程度。因此，本书选择“您对所在区域缺水信息了解吗”指标来表征缺水信息公开程度。调查问卷中的题项赋值采用了 5 级利克特量表的形式，在题项“您对所在区域缺水信息了解吗”问题中，1 表示非常不了解，5 表示非常了解，其他的题项中，1 表示非常反对，5 表示非常赞同。

表 8.1　缺水信息公开对居民再生水回用行为作用的指标体系

层次	潜变量	观察变量	代码
信息层	缺水信息公开	您对所在区域缺水信息了解吗	$RWSID_1$
认知层	水环境问题感知	当今世界人口数量已接近地球所能承载的极限	EC_1
		人类正快速消耗着自然资源	EC_2

续表

层次	潜变量	观察变量	代码
认知层	水环境问题感知	如果保持现在的发展模式，我们将很快面对生态灾难	EC_3
	水环境保护意识	我有义务保护这里的水环境	$AWEP_1$
		我会在生活中注意水资源的循环使用（如收集洗脸水用于冲厕等）	$AWEP_2$
		我会劝说身边的人节约用水	$AWEP_3$
	风险感知	使用再生水会给自己和家人带来风险	HRP_1
		使用再生水会影响自己和家人的健康	HRP_2
行为层	再生水回用行为	我能接受日常生活中除了饮用水之外的再生水使用	$PARW_1$
		我会积极地使用再生水	$PARW_2$
		使用再生水让我很有荣誉感	$PARW_3$

为了区分不同地区不同缺水信息公开程度感知的公众，防止调查数据的同质性，保证调查的随机性、有效性和客观性，我们委托了问卷星针对公众发放问卷。由于再生水需要特殊的管道，目前我国再生水使用首先在城市推广，因此，本次调查对象是城市居民，问卷主要分布在甘肃、陕西、北京、福建、广西等缺水程度差异较大的地区。发放问卷324份，按照：①缺选项超过10个题项；②连续10个题项选择相同，进行废卷筛选。最终得到有效问卷315份，问卷有效率为97.2%。

在315名受访者中，男性占164名（52.1%），女性占151名（47.9%）。他们的年龄在18~60岁，平均年龄为28岁。此外，样本包括企业工作人员（34.3%）、学生（33.7%）、行政人员（6.3%）、退休人员（1.0%）、自由职业者（17.5%）和其他人士（7.3%）①，确保了受访者的社会人口多样性。

8.3 结果及分析

8.3.1 数据信度与效度分析

本章研究采用SPSS软件对变量的取值进行了信度与效度检验，结果如表8.2所示。信度检验中各潜变量的Cronbach's α 系数在0.645~0.925，大于0.6的阈值条件；效度检验中各潜变量的KMO值均大于等于0.5，且Bartlett's球形检验的伴随概率均为0.000，因子分析结果显示，观察变量在各自归属的因子上载荷系数的

① 因为四舍五入，全部相加不等于100%。

绝对值在 0.619~0.923，大于 0.5。由此表明，样本具有较好的信度与效度，数据质量通过检验。

表 8.2　数据信度和效度

潜变量	观察变量	代码	均值	标准差	Cronbach's α	因子载荷	Bartlett's 球形检验	KMO
缺水信息公开	您对所在区域缺水信息了解吗	RWSID$_1$	2.63	0.973				
水环境问题感知	当今世界人口数量已接近地球所能承载的极限	EC$_1$	3.62	0.920	0.645	0.619	0.000	0.605
	人类正快速消耗着自然资源	EC$_2$	4.18	0.718		0.750		
	如果保持现在的发展模式，我们将很快面对生态灾难	EC$_3$	3.97	0.879		0.701		
水环境保护意识	我有义务保护这里的水环境	AWEP$_1$	4.43	0.589	0.655	0.726	0.000	0.646
	我会在生活中注意水资源的循环使用（如收集洗脸水用于冲厕等）	AWEP$_2$	4.10	0.776		0.770		
	我会劝说身边的人节约用水	AWEP$_3$	4.16	0.730		0.734		
风险感知	使用再生水会给自己和家人带来风险	HRP$_1$	3.15	0.832	0.925	0.923	0.000	0.500
	使用再生水会影响自己和家人的健康	HRP$_2$	3.10	0.825		0.915		
再生水回用行为	我能接受日常生活中除了饮用水之外的再生水使用	PARW$_1$	3.73	0.847	0.779	0.722	0.000	0.645
	我会积极地使用再生水	PARW$_2$	3.61	0.796		0.775		
	使用再生水让我很有荣誉感	PARW$_3$	3.65	0.817		0.770		

8.3.2　模型拟合度分析

运用结构方程模型构建缺水信息公开对居民再生水回用行为作用的因果关系模型。将缺水信息公开这一指标作为自变量，将缺水信息公开与水环境问题感知、缺水信息公开与水环境保护意识、缺水信息公开与风险感知作为交互项，分析缺水信息公开对居民再生水回用行为的影响。在 H8.1~H8.3 中，本书提出了认知层→行为层的 3 条可能影响路径，分别是"水环境问题感知（EC）→再生水回用行为（PARW）"、"水环境保护意识（AWEP）→再生水回用行为（PARW）"和"风险感知（HRP）→再生水回用行为（PARW）"。在 H8.4~H8.6 中，本书提出了信息层与认知层交互→行为层的 3 条可能影响路径，分别是

“缺水信息公开与水环境问题感知交互项（RWSID × EC）→再生水回用行为（PARW）”、“缺水信息公开与水环境保护意识交互项（RWSID × AWEP）→再生水回用行为（PARW）”及“缺水信息公开与风险感知交互项（RWSID × HRP）→再生水回用行为（PARW）”。各组观察变量与潜变量间的相互关系构成缺水信息公开对居民再生水回用行为作用的测量模型。根据模型的显著性检验，缺水信息公开对风险感知、水环境问题感知对风险感知和水环境问题感知对再生水回用行为三条路径显著性较差，通过对模型进行不断修正，得到最优的模型，如图 8.2 所示。

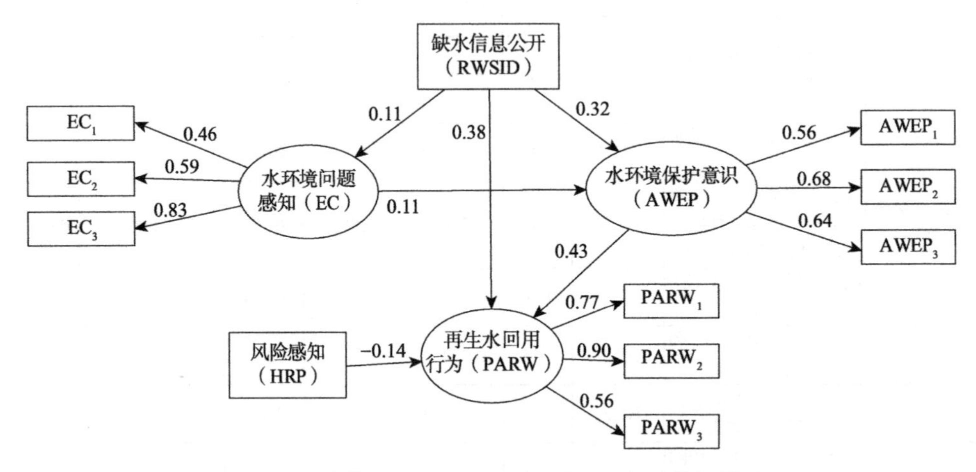

图 8.2 缺水信息公开对居民再生水回用行为作用模型

以 EC 为例，EC 代表潜变量水环境问题感知，EC_1、EC_2 和 EC_3 分别代表潜变量 EC 的三个观察变量；潜变量 EC 与观察变量之间的箭头上方数字代表观察变量的因子载荷系数。潜变量之间的箭头上方数字代表两者间的相关系数

本书对结构方程模型的数据质量和变量关系进行检验，结果如表 8.3 所示。研究发现模型的 χ^2/df 值为 2.067<3.00，说明适配指标值，χ^2 显著值 P 在 0.001 上显著，CN 值为 212>200。模型的绝对拟合优度、增值拟合优度和简约拟合优度都满足适配指标值标准。可见，假设模型的整体拟合度良好，模型通过稳健性检验。

表 8.3 模型拟合优度指标

指标类型	拟合优度统计量	标准值	检验值	模型适配判断
绝对拟合优度	χ^2/df	<3.00	2.067	适配
	χ^2	P<0.05	P=0.000	适配
	RMSEA	≤0.05	0.050	适配
增值拟合优度	CFI	>0.90	0.941	适配
	NFI	>0.90	0.902	适配

续表

指标类型	拟合优度统计量	标准值	检验值	模型适配判断
增值拟合优度	IFI	>0.90	0.942	适配
	RFI	>0.90	0.906	适配
简约拟合优度	PNFI	>0.50	0.650	适配
	PCFI	>0.50	0.684	适配
	CN	>200	212	适配

8.3.3　假设检验

本书采用 AMOS 软件对模型进行模拟并得到结果，如表 8.4 所示。水环境保护意识（AWEP）→再生水回用行为（PARW）的标准化路径系数在 0.001 水平上显著，系数为 0.597，在认知层次中路径系数最大，表明水环境保护意识（AWEP）是影响居民对再生水回用行为的主要认知层次，H8.2 得到证实。风险感知（HRP）→再生水回用行为（PARW）的标准化路径系数在 0.01 水平上显著，且风险感知与居民再生水回用行为存在负相关关系，相关系数为−0.110，H8.3 得到证实，表明居民对使用再生水的风险感知越深越不愿意使用再生水。缺水信息公开（RWSID）→再生水回用行为（PARW）的标准化路径系数在 0.05 水平上显著，相关系数为 0.082，表明缺水信息公开对居民再生水回用行为有直接的影响，再生水知识普及度越高，居民越倾向将再生水作为除饮用水之外的水资源。研究发现，居民的水环境问题感知（EC）不会直接影响其再生水回用行为（PARW），H8.1 不成立，但水环境问题感知（EC）→水环境保护意识（AWEP）的标准化路径系数在 0.001 水平上显著，系数为 0.257。人类正快速地消耗着自然资源，长此以往，人类将面临生态灾难，目前全球人口已接近地球承载极限。在此背景下，水环境问题感知会促进居民的水环境保护意识的提高，从而间接提高其再生水回用行为。

表 8.4　最优模型各路径系数估计

作用路径	路径系数及显著性判别	估计标准误 S.E.
RWSID→EC	0.091^{*}	0.054
EC→AWEP	0.257^{***}	0.061
RWSID→AWEP	0.179^{***}	0.040
RWSID→PARW	0.082^{*}	0.049
HRP→PARW	-0.110^{**}	0.043
AWEP→PARW	0.597^{***}	0.125

*表示 $P<0.05$；**表示 $P<0.01$；***表示 $P<0.001$

图 8.3 展示了缺水信息公开与水环境问题感知、水环境保护意识和再生水回用行为之间的交互效应。从交互效应来看，缺水信息公开（RWSID）→水环境保护意识（AWEP）→再生水回用行为（PARW）的标准化路径系数均在 0.001 水平上存在显著正向交互作用，H8.5 得到证实。这表明缺水信息公开通过影响居民水环境保护意识间接影响居民再生水回用行为。公众对居住城市缺水的感知越深，越容易激发其的水环境保护意识，从而促进其对再生水回用的意愿。

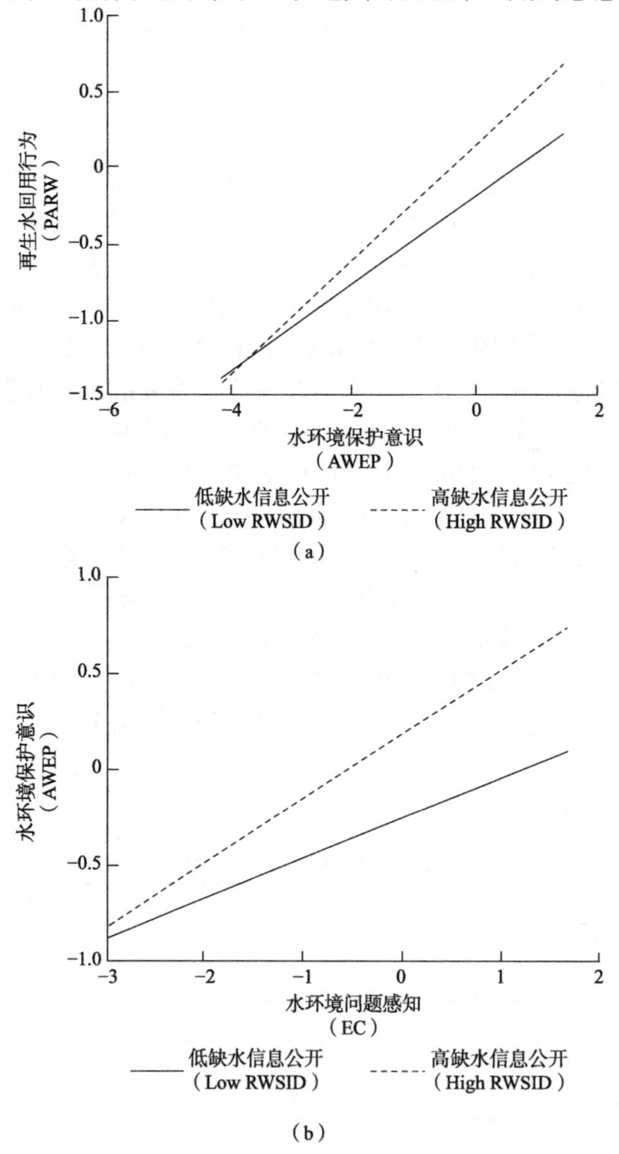

图 8.3 缺水信息公开与水环境问题感知、水环境保护意识和再生水回用行为之间的交互效应

项目组将缺水信息公开分成高缺水信息公开组和低缺水信息公开组，分析居民水环境保护意识对再生水回用行为的作用。研究发现，对缺水信息感知程度高的居民来说，水环境保护意识对再生水回用行为的正向作用更强。增强他们对缺水信息公开的感知可更有效地促进其再生水回用行为。对缺水信息感知程度低的居民来说，水环境保护意识与再生水回用行为之间的正向作用较弱。这一结果的政策启示是，政策制定者在制定增强居民再生水回用行为措施时不仅要提高居民水环境保护意识，同时还要加强缺水信息公开程度，这样政策效用会有更大的提高。

缺水信息公开（RWSID）→水环境问题感知（EC）→水环境保护意识（AWEP）标准化路径系数分别在 0.05 和 0.001 水平上存在显著正向交互作用。可见，缺水信息公开增强居民的水环境问题感知，从而正向促进居民水环境保护意识。将缺水信息公开分成高缺水信息公开组和低缺水信息公开组，分析居民水环境问题感知对水环境保护意识的作用。研究发现，对缺水信息感知程度高的居民来说，水环境问题感知对水环境保护意识的正向作用更强。增强缺水信息公开程度可更有效地促进居民的水环境保护意识，而对缺水信息感知程度低的居民来说，水环境问题感知与水资源保护意识之间的正向作用较弱。这一结果的政策启示是，想要增强居民水环境保护意识，不仅要提高其水环境问题感知，还要加强缺水信息公开程度。

第9章　再生水知识普及与再生水回用行为之间的作用机理研究

依托于再生水回用影响因素的扎根分析和缺水信息公开影响其再生水回用行为的研究结论，项目组获取到影响城市居民再生水回用行为的因素，包括需求侧、供给侧、外部环境三个方面。本章以此为基点，进行供给侧方面的污水来源、处理技术和再生水品质以及外部环境方面的再生水知识普及与再生水回用行为之间作用机理的研究假设，并通过问卷抽样调查获取原始数据进行模型检验。

9.1　研究模型及研究假设

Lewin 行为模型通过区分内在因素和外部环境表示各种因素对个体行为的方式、强度、趋势等的影响。其中，内在因素包括个体内在的具体条件和特征，如感觉、知觉、情感、学习、记忆、动机、态度、性别、年龄、个性等；外部环境包括个体外界的各种因素，如科技状况、经济水平、制度结构、文化背景等。在TPB 中，行为意向有 3 个决定因素：一是态度，二是主观规范，三是感知行为控制。前两个因素与理性行为理论一致。感知行为控制是个人对其所从事的行为进行控制的感知程度，由控制信念和感知促进因素共同决定。控制信念是人们对其所具有的能力、资源和机会的感知，而感知促进因素是人们对这些资源的重要程度的估计。“意识-情境-行为”理论认为，在意识、情境和行为三者中，情境扮演着中介与协调的作用，意识对个人的行为产生直接影响，而个体的意识受外部情境的影响[89]。这为研究再生水信息披露对公众再生水回用意愿的作用提供了研究的理论基础。居民作为再生水直接使用者，其行为受其自身水环境保护意识、个人责任意识和对再生水态度的影响。需要从居民的水环境问题感知、节水意识、个人责任意识及再生水回用风险意识对其行为决策的影响等方面探求居民的再生水回用行为意愿。另外，由于人们对环境的判断不总是理性的，信息的对称性及信息的披露程度对个体或群体的环境认知有较强的影响。公众对相关信息的掌握程度对其意识有很大作用，甚至会直接影响其对某事物的决策[99]。在这些理论基础上，本书假设水环境问题感知、节水意识、水环境保护意识和风险感知对居民再生水回用行为意愿存在直接影响，且“意识–行为意愿”关系受到外部情境变量再生水知识普及的调节影响，构建了“意识（水环境问题感知、节水意识、水环境保护意识和风险感知）—情境（再生水知识普及）—行为意愿（居民再生水回用行为）”的路径，分析提高再生水回用居民了解程度对接受行为意愿的作用机制。

在再生水回用情境中，意识一般可以分为情感和风险两个方面。对于情感因素，主要是指公众对资源环境问题的感知和保护意识等。Sia 等在“环境素养模型”中提出环境情感是环境伦理观的重要组成部分[77]。环境情感又称环境敏感度，主要指一个人看待环境的情感属性，包括对环境的发现、欣赏、同情和愧疚[77~79]。Wang 在研究资源节约意识对资源节约行为的影响时，构建了意识–行为的理论假说并得以验证，发现资源节约意识对资源节约行为的影响作用较大[80]。Meneses 在研究垃圾回收行为影响因素时发现，环境情感和环境行为之间存在正相关关系[78]。可见，环境情感对环境行为影响的研究结论高度一致，即水环境问题感知、水环境保护意识及节水意识对环境行为意愿有显著的影响。关于风险意识，已有研究证实环境知识水平和环境风险感知与环境友好行为显著相关，且信息丰富性与环境风险感知呈现倒 U 形关系[81，82]。

基于前述的研究梳理，本章假设水环境问题感知、节水意识、水环境保护意识和风险感知这 4 个意识维度对居民再生水回用行为存在显著的直接影响，相应的研究假设如下。

H9.1：水环境问题感知对居民再生水回用行为存在显著的直接影响。

H9.2：节水意识对居民再生水回用行为存在显著的直接影响。

H9.3：水环境保护意识对居民再生水回用行为存在显著的直接影响。

H9.4：风险感知对居民再生水回用行为存在显著的直接影响。

上面仅仅考虑了 4 个意识维度对居民再生水回用行为的独立影响效应，尚未考虑不同意识维度之间的交互效应。一个解释变量对结果变量的影响效应会因为另一个解释变量的水平不同而有所不同，则这两个变量之间就存在交互效应，个体行为就是这些因素交互作用的结果。例如，水环境问题感知对再生水回用行为的影响可能会因为个体的责任意识不同而存在差异，如果假设各影响因素独立、平行，相互之间不存在交互作用，这无疑是不现实的，至少需要进一步进行验证。为此本章提出如下假设。

H9.5：意识各维度间存在显著的两两交互作用。

个体的行为意愿决定了环境中的社会形态，同时也会受到外部情境的影响。知识会调节个体对事物的认知进而对其行为意愿产生影响，故本章提出如下假设。

H9.6：再生水知识了解程度对意识–行为关系有显著调节影响。

根据上述理论和研究假设，本章建立了再生水知识了解程度对居民再生水回用行为的作用机制模型，如图 9.1 所示。运用再生水回用行为测量量表和再生水知识普及测量量表，以及水环境问题感知、节水意识、水环境保护意识和风险感知的测量量表分析再生水知识了解程度对居民再生水回用行为的作用。

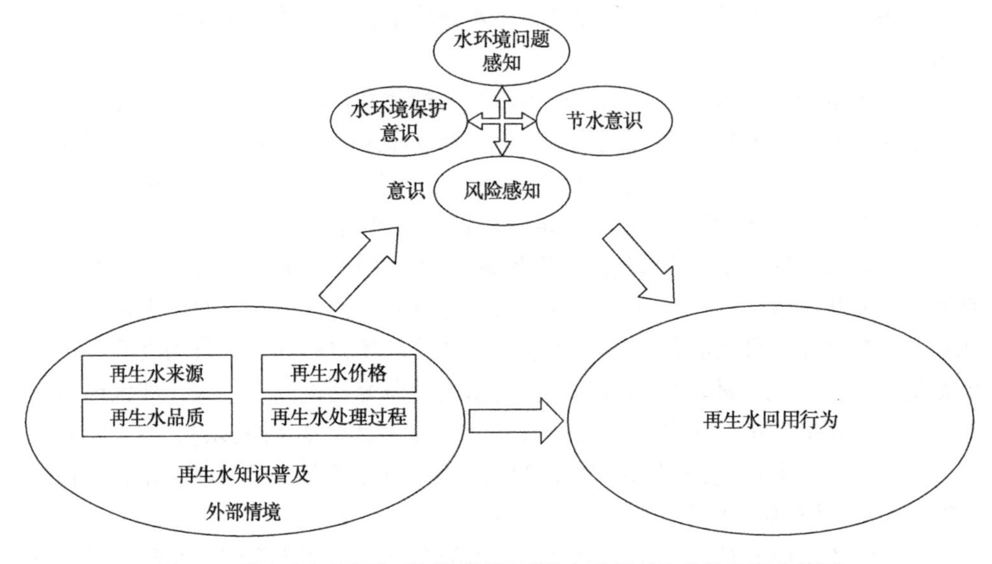

图 9.1 再生水知识了解程度对居民再生水回用行为的作用机制模型

9.2 量表设计与数据收集

本书采用问卷调查的方法收集数据。问卷分为两部分：一部分是被调查者的年龄、性别、家庭人口、教育水平和收入水平等基本信息；另一部分是居民对再生水信息的了解程度、水环境问题感知、节水意识、水环境保护意识、风险感知和再生水回用行为，如表 9.1 所示。由于再生水知识普及无法直接测量，而居民对再生水信息的了解程度可以间接说明再生水知识普及的程度，因此，本节选择"您了解再生水的来源吗"、"您了解再生水的处理过程吗"、"您了解再生水的品质吗"和"您了解再生水的价格吗"4 个指标来表征再生水知识普及程度。所有题项都采用 5 级李克特量表，采取个体主观赋值的方式，得分代表再生水知识普及程度（被调查者对再生水的了解程度）。其中，1 表示非常不了解，2 表示比较不了解，3 表示一般，4 表示比较了解，5 表示非常了解，其他题项中，1 表示非常反对，2 表示比较反对，3 表示一般，4 表示比较赞同，5 表示非常赞同。

表 9.1　居民再生水回用行为影响因素的指标体系

层次	潜变量	观察变量	代码
意识层	水环境问题感知	地球上的水资源十分有限	$WRPP_1$
		人类正快速消耗着自然资源	$WRPP_2$
		如果保持现在的发展模式，我们将很快面临生态灾难	$WRPP_3$
	节水意识	我会购买节水器具	CSW_1
		我会劝说身边的人节约用水	CSW_2
		我会关注水资源污染等事件	CSW_3
		在公共场所，我会及时关闭水龙头	CSW_4
	水环境保护意识	我有义务保护这里的水资源	PRP_1
		每个人都应当对我们生活居住城市的水环境破坏负责	PRP_2
		所有居民都应当承担起保护所在城市水环境的责任	PRP_3
		参与再生水回用承担了更多的社会责任	PRP_4
	风险感知	使用再生水会给自己和家人带来风险	$RPRW_1$
		使用再生水会影响自己和家人的健康	$RPRW_2$
		我觉得使用再生水很不舒服	$RPRW_3$
行为意愿层	再生水回用行为	我能接受日常生活中除了饮用水之外的再生水使用	$PARW_1$
		我会积极地使用再生水	$PARW_2$
		使用再生水让我很有荣誉感	$PARW_3$
外部情境层	再生水知识普及	再生水的来源	$RWID_1$
		再生水处理过程	$RWID_2$
		再生水的品质	$RWID_3$
		再生水价格	$RWID_4$

由于再生水需要专用管道，目前中国再生水使用首先在城市推广。因此，本次调查对象是城市居民。为了确保问卷减少地区属性、社会习惯等因素的约束，本章选择中国目前使用再生水较广泛的西安市作为研究代表城市。按照问卷数大于题项数 10 倍的原则，这次计划发放问卷数量超过题项数量的 20 倍，有 650 份。调查于 2020 年 1 月进行，共回收样本 621 份。如果被访问者没有完成调研或者被访问者答题时间超过总答题时间的中位数，则该问卷被认为是无效的。项目组用此方法进行废卷筛选，最终得到有效问卷 616 份，有效回收率为 94.8%。在 616 名参与者中，男性 306 名（49.7%），女性 310 名（50.3%），年龄在 18~76 岁，平均年龄为 35 岁，基本反映了中国人口特征。此外，样本包括企业工作人员

（30.0%）、学生（26.8%）、行政人员（16.0%）、退休人员（12.2%）、自由职业者（7.2%）和其他人士（7.8%），确保了参与者的社会人口多样性。

9.3 结果及分析

9.3.1 模型信度与效度分析

本章采用 SPSS 软件对观察变量的取值进行了信度与效度检验。如表 9.2 所示，信度检验中各潜变量的 Cronbach's α 系数在 0.623~0.901>0.6，本量表的内部信度比较理想。本章采用因子分析法检验建构效度（construct validity）。效度检验中各潜变量的 KMO>0.5 且 Bartlett's 球形检验的伴随概率为 0.000，因子分析结果显示，观察变量在各自归属的因子上载荷系数的绝对值在 0.603~0.898> 0.5。由此表明，样本具有较好的信度与效度，数据质量通过检验。

表 9.2 数据信度和效度分析表

潜变量	指标	代码	均值	标准差	Cronbach's α	因子载荷	Bartlett's 球形检验	KMO
水环境问题感知	地球上的水资源十分有限	$WRPP_1$	3.62	0.919	0.688	0.660	0.000	0.606
	人类正快速消耗着自然资源	$WRPP_2$	4.18	0.716		0.731		
	如果保持现在的发展模式，我们将很快面临生态灾难	$WRPP_3$	3.97	0.879		0.782		
节水意识	我会购买节水器具	CSW_1	3.80	0.839	0.722	0.665	0.000	0.734
	我会劝说身边的人节约用水	CSW_2	4.17	0.717		0.751		
	我会关注水资源污染等事件	CSW_3	4.08	0.698		0.639		
	在公共场所，我会及时关闭水龙头	CSW_4	4.55	0.559		0.630		
水环境保护意识	我有义务保护这里的水资源	PRP_1	4.43	0.589	0.765	0.820	0.000	0.739
	每个人都应当对我们生活居住城市的水环境破坏负责	PRP_2	4.31	0.736		0.828		
	所有居民都应当承担起保护所在城市水环境的责任	PRP_3	4.44	0.622		0.861		
	参与再生水回用承担了更多的社会责任	PRP_4	3.85	0.734		0.757		
风险感知	使用再生水会给自己和家人带来风险	$RPRW_1$	2.80	0.780	0.623	0.782	0.000	0.579
	使用再生水会影响自己和家人的健康	$RPRW_2$	2.74	0.751		0.722		
	我觉得使用再生水很不舒服	$RPRW_3$	2.78	0.801		0.603		
再生水回用行为	我能接受日常生活中除了饮用水之外的再生水使用	$PARW_1$	3.73	0.848	0.779	0.746	0.000	0.645

续表

潜变量	指标	代码	均值	标准差	Cronbach's α	因子载荷	Bartlett's 球形检验	KMO
再生水回用行为	我会积极地使用再生水	$PARW_2$	3.61	0.796	0.779	0.757	0.000	0.645
	使用再生水让我很有荣誉感	$PARW_3$	3.65	0.817		0.719		
再生水知识普及	再生水的来源	$RWID_1$	2.88	0.989	0.901	0.898	0.000	0.819
	再生水处理过程	$RWID_2$	2.52	1.035		0.884		
	再生水的品质	$RWID_3$	2.53	0.965		0.891		
	再生水价格	$RWID_4$	2.20	0.962		0.715		

9.3.2　模型拟合度分析

项目组利用皮尔森相关系数（Pearson correlation coefficient）描绘各变量间的相互依存关系，计算公式如式（9.1）所示。皮尔森相关系数各变量均值以及相互间的皮尔森相关系数如表 9.3 所示。

$$\gamma=\frac{1}{n-1}\sum_{i=1}^{n}\left(\frac{X_i-\bar{X}}{\sigma_X}\right)\left(\frac{Y_i-\bar{Y}}{\sigma_Y}\right) \tag{9.1}$$

其中，$\frac{X_i-\bar{X}}{\sigma_X}$、$\bar{X}$ 及 σ_X 分别是 X_i 样本的标准分数、均值和标准差。

表 9.3　维度间均值与相关系数

变量	WRPP	CSW	PRP	RPRW	PARW	RWID
均值	4.15	4.15	4.27	2.80	3.66	2.53
标准差	0.619	0.525	0.513	0.556	0.683	0.868
WRPP	1					
CSW	0.259^{***}	1				
PRP	0.311^{***}	0.507^{***}	1			
RPRW	−0.075	-0.208^{***}	-0.274^{***}	1		
PARW	0.156^{**}	0.355^{***}	0.516^{***}	-0.433^{***}	1	
RWID	-0.121^{**}	0.186^{***}	0.070	-0.154^{***}	0.239^{***}	1

*表示 $P<0.05$；**表示 $P<0.01$；***表示 $P<0.001$

从意识层面来看，水环境问题感知（WRPP）、节水意识（CSW）和水环境保护意识（PRP）三个维度的均值相对最高（均值达到或超过 4.15），风险感知（RPRW）得分相对较低（均值为 2.80）。可见，居民水环境问题感知和水环境保护意识较强，对环境有较强的责任感。居民的再生水回用行为（PARW）得分为 3.66，略高于中等水平。再生水知识普及（RWID）较低，得分仅为 2.53。可见，目前再生水知识普及程度较低，居民对再生水的来源、水质、处理过程和价格都不太了解。节水意识、水环境保护意识和风险感知三个维度均与居民再生水回用行为在 0.001 水平上显著相关。水环境问题感知与居民再生水回用行为在 0.01 水平上显著相关。

运用结构方程构建再生水知识普及与居民再生水回用行为的因果关系模型。项目组将水环境问题感知、节水意识、水环境保护意识、风险感知作为自变量，将再生水知识普及作为调节变量，分析再生水知识普及对居民再生水回用行为的影响，得到再生水知识普及对居民再生水回用行为作用的测量模型。从模型的显著性检验发现，再生水知识普及对水环境保护意识，水环境问题感知对再生水回用行为两条路径显著性较差，通过提出不显著路径对模型进行修正，得到最优的模型，如图 9.2 所示。

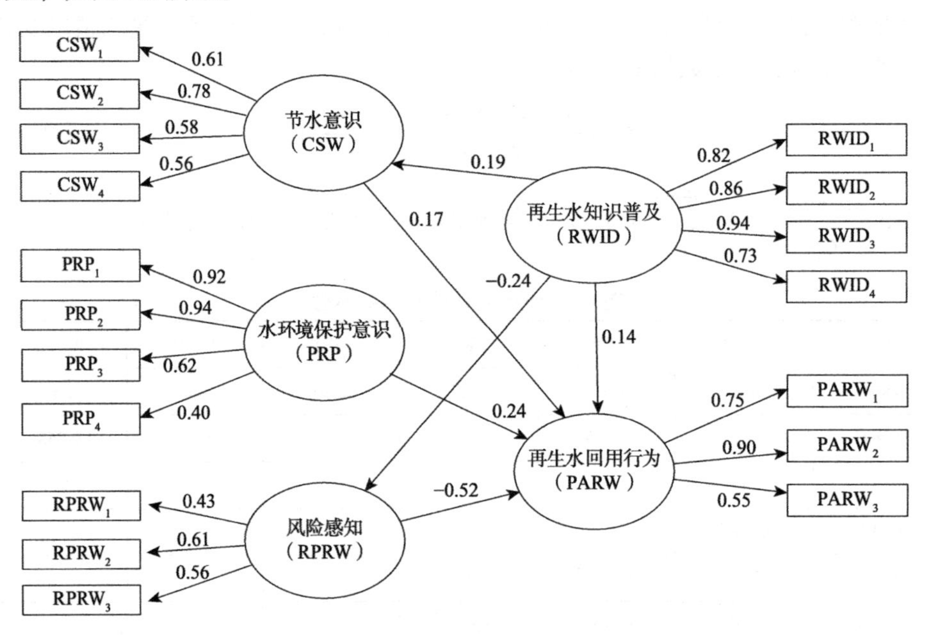

图 9.2 再生水知识普及对居民再生水回用行为作用模型

根据结构方程模型对数据质量和变量关系的要求，本章对模型进行检验发现，模型的卡方自由度比为 2.644<3.00 适配指标值，卡方显著值 P 在 0.001 水平上显著，CN 值为 288>200，模型的绝对拟合优度、增值拟合优度和简约拟合优度都满足适配指标值标准，如表 9.4 所示。可见，假设模型的整体拟合度良好，模型通过稳健性检验。

表 9.4　模型拟合优度指标

指标类型	拟合优度统计量	标准值	检验值	模型适配判断
绝对拟合优度	χ^2 /df	<3.00	2.644	适配
	χ^2	P<0.05	P=0.000	适配
	RMSEA	<0.05	0.047	适配
增值拟合优度	CFI	>0.90	0.954	适配
	NFI	>0.90	0.906	适配
	IFI	>0.90	0.924	适配
	RFI	>0.90	0.901	适配
简约拟合优度	PNFI	>0.50	0.608	适配
	PCFI	>0.50	0.642	适配
	CN	>200	288	适配

9.3.3　假设检验

1. 意识对行为意愿影响的主效应及意识之间的交互效应

模型模拟结果显示，节水意识（CSW）、水环境保护意识（PRP）和风险感知（RPRW）对居民再生水回用行为均有影响，如表 9.5 所示。风险感知影响最大且为负向相关，相关系数为−0.52，标准化路径系数在 0.001 水平上显著，H9.4 成立，这表明居民对再生水回用的风险感知越高越不倾向使用再生水。水环境保护意识与居民再生水回用行为在 0.001 水平上正向相关，相关系数为 0.24，H9.3 成立，这表明对资源和环境保护的责任感强的个体更愿意使用再生水作为日常用水（除饮用水之外）。节水意识与居民再生水回用行为在 0.01 水平上正向相关，相关系数为 0.17，H9.2 成立，这表明在生活中，节水意识越强的个体越倾向使用再生水代替自来水，最终达到节水的目的。

表 9.5　意识对行为意愿影响的主效应和意识之间的交互效应

主效应	PARW	交互效应	PARW
CSW	0.17**	CSW×PRP	0.618***
PRP	0.24***	RPRW×PRP	−0.406***
RPRW	−0.52***	RPRW×CSW	−0.017
RWID	0.14*		

*表示 P<0.05；**表示 P<0.01；***表示 P<0.001

本章分别检验了节水意识、水环境保护意识和风险感知三个维度的交互效应。研究结果显示，节水意识与水环境保护意识有交互效应、风险感知与水环境保护意识有交互效应。

以中位数为界，将获取到的参与者问卷数据根据节水意识指数分为高、低两组，对两组数据进行方差检验，结果显示两者有显著性差异（$P<0.001$）。节水意识与水环境保护意识的交互效应如图 9.3 所示。研究发现，在水环境保护意识影响下，节水意识高的群体比节水意识低的群体对居民接受再生水回用行为正向作用更强，如图 9.3（a）所示。节水意识的提高可以有效促进居民对再生水的接受程度。水环境保护意识分为高水环境保护意识和低水环境保护意识两类。可以发现，无论是水环境保护意识高还是水环境保护意识低，节水意识对居民接受再生水回用行为的正向作用没有显著差异，如图 9.3（b）所示。

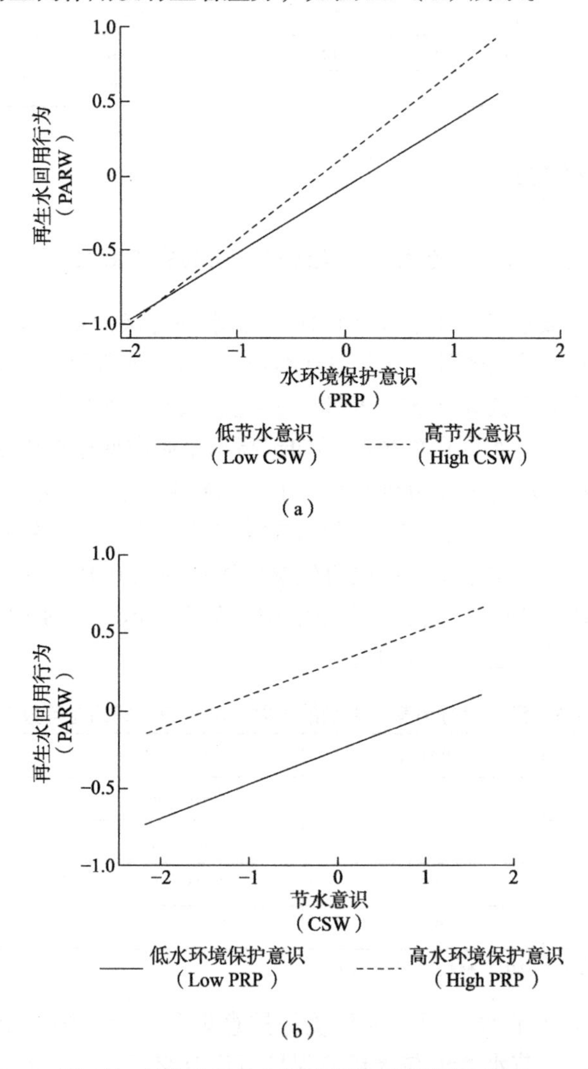

图 9.3 节水意识与水环境保护意识的交互效应

以中位数为界，将获取到的参与者的问卷数据按照水环境保护意识指数分为高、低两组，对两组数据进行方差检验，结果显示两者有显著性差异（$P<0.001$）。水环境保护意识与风险感知的交互效应如图 9.4 所示。将水环境保护意识分为高、低两组，可以发现对水环境保护意识高的居民来说，风险感知对再生水回用行为的负向作用更强，如图 9.4（a）所示。增强他们的水环境保护意识可更有效地促进其再生水回用行为。对于水环境保护意识低的个体来说，风险感知与再生水回用行为之间的负向作用较弱。将风险感知分为高、低两组，研究发现，对于风险感知高的居民来说，水环境保护意识对再生水回用行为的正向作用更弱，如图 9.4（b）所示。减少居民的风险感知可更有效地促进其再生水回用行为。对于风险感知低的个体来说，水环境保护意识与再生水回用行为之间的正向作用较强。

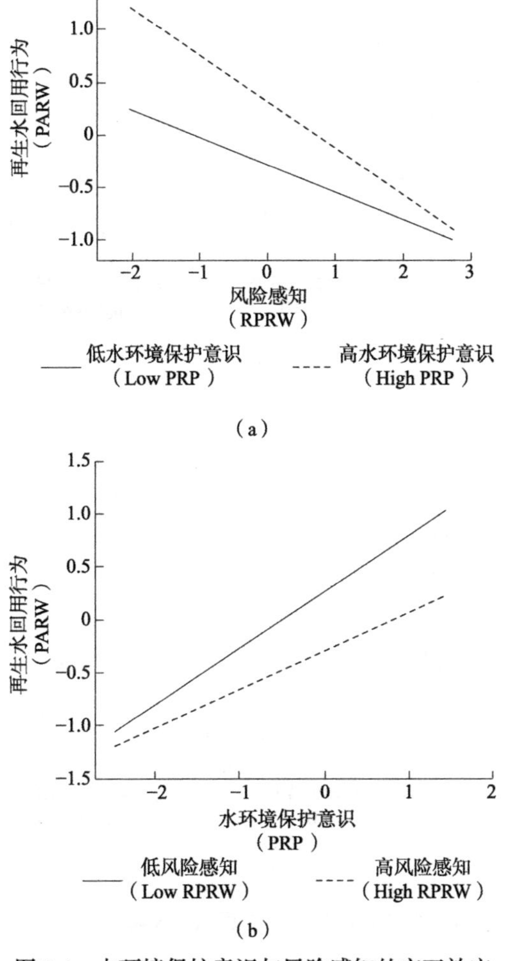

图 9.4　水环境保护意识与风险感知的交互效应

2. 再生水知识普及对意识–行为意愿关系的调节作用

建立再生水知识普及与节水意识和风险感知的交互作用的结构方程模型，如图 9.5 所示。可以看到，再生水知识普及对风险感知与居民再生水回用行为的调节效应最显著，其次是再生水知识普及对节水意识与居民再生水回用行为有调节效应。可见，再生水知识普及可以减弱居民对再生水的风险感知，从而促进其对再生水的回用意愿。同时，再生水知识普及可以通过提高居民的节水意识来促进其再生水回用行为。

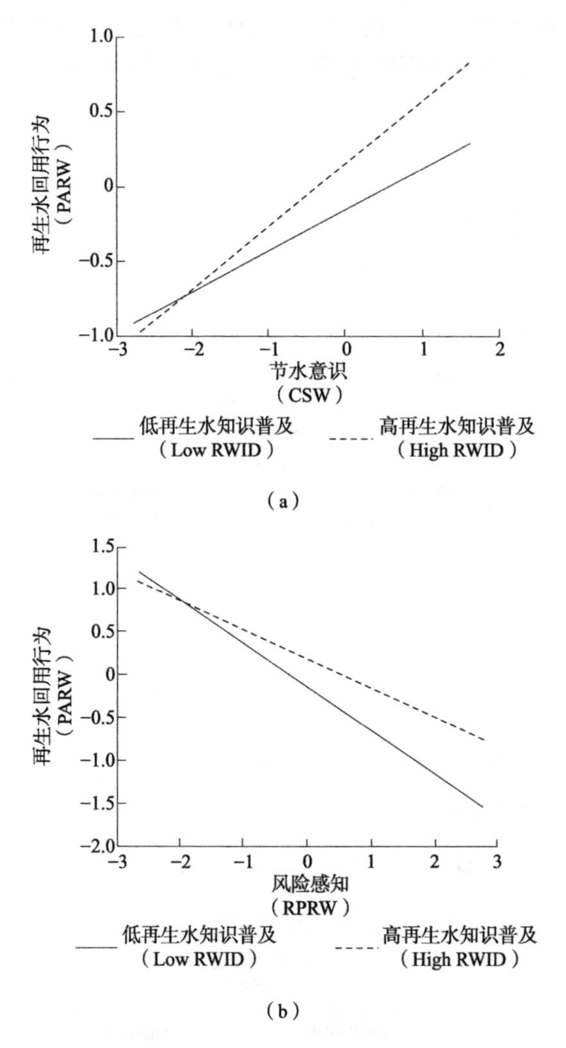

图 9.5　再生水知识普及与节水意识和风险感知的交互作用

将再生水知识普及程度分为高、低两组，分别研究不同再生水知识普及程度下节水意识、风险感知对居民再生水回用行为的影响。结果显示，再生水知识普及程度高的居民，其节水意识与再生水回用行为正相关关系更强；再生水知识普及程度低的居民，其节水意识与再生水回用行为正相关关系较弱，如图 9.5（a）所示。增强再生水知识普及程度可以更有效地促进居民再生水回用行为。再生水知识普及程度高的居民，其风险感知与再生水回用行为负相关关系更弱；再生水知识普及程度低的居民，其风险感知与再生水回用行为负相关关系更强，如图 9.5（b）所示。也就是说，再生水知识普及程度越高的居民，他们的风险感知对再生水回用行为的影响就越小。增强再生水知识普及程度，可有效地降低风险感知对再生水回用行为的影响，促进居民再生水回用行为。

第 10 章　再生水回用行为解释结构模型

本章基于前文研究挖掘出的主观规范、风险感知、公众情绪、污水来源、处理技术、信息公开、再生水知识普及等需求侧、供给侧和外部环境的影响因素与再生水回用行为之间的作用机理，构建再生水回用影响因素的邻接矩阵，并基于此计算可达矩阵及层级分解，最终构建再生水回用行为解释结构模型。

10.1　研 究 方 法

解释结构模型是基于学者们与专家们的知识和经验，通过构建多级递阶的层级结构模型来厘清子系统之间的结构关系，此研究方法适用于已知各因素间的影响关系，但是因素过于庞杂，无法简单厘清其逻辑关系时等研究问题。因此，本章是在以上对再生水回用影响因素分析的基础上，借助解释结构模型方法，通过构建邻接矩阵，计算可达矩阵等来建立解释结构模型，梳理因素间的层级关系。

10.2　研究步骤及结果

1. 邻接矩阵的构建

本章中的邻接矩阵是基于 4~9 章的研究结论所得出的，邻接矩阵 A 如表 10.1 所示。矩阵元素 a_{ij} 位于矩阵 A 中第 i 行第 j 列，表示因素 F_i 对 F_j 的影响关系。

$$A=\left[a_{ij}\right]=\begin{cases}1, & 因素F_i对因素F_j有直接影响\\ 0, & 因素F_i对因素F_j无直接影响\end{cases} \tag{10.1}$$

表 10.1　邻接矩阵

变量	再生水回用行为	主观规范	设施建设	信息公开	再生水知识普及	社会规范	污水来源	处理技术	再生水回用用途	再生水品质	风险感知	水环境问题感知	价格感知	公众情绪	节水意识	水环境保护意识	政府信任	行为控制	了解程度	年龄	性别	教育水平	收入水平	水资源缺乏经历	家庭结构
再生水回用行为	0	0	0	0	0	0	0	0	0	0	0	0	0	0	0	0	0	0	0	0	0	0	0	0	0
主观规范	0	0	0	0	0	0	0	0	0	0	0	0	0	0	0	0	0	0	1	0	0	0	0	0	0
设施建设	1	0	0	0	0	0	0	0	0	0	0	0	0	0	0	0	0	1	0	0	0	0	0	0	0
信息公开	1	0	0	0	0	0	0	0	0	0	0	1	0	0	1	1	0	0	0	0	0	0	0	0	0
再生水知识普及	1	0	0	0	0	0	1	1	1	1	1	1	1	0	1	1	0	0	0	0	0	0	0	0	0
社会规范	0	1	0	0	0	0	0	0	0	0	0	0	0	0	0	0	0	0	0	0	0	0	0	0	0
污水来源	0	0	0	0	0	0	0	0	0	0	1	0	0	0	0	0	0	0	0	0	0	0	0	0	0
处理技术	1	0	0	0	0	0	0	0	0	0	1	0	0	0	0	0	0	0	0	0	0	0	0	0	0
再生水回用用途	0	0	0	0	0	0	0	0	0	0	1	0	0	0	0	0	0	0	0	0	0	0	0	0	0
再生水品质	0	0	0	0	0	0	0	0	0	0	1	0	0	0	0	0	0	0	0	0	0	0	0	0	0
风险感知	1	0	0	0	0	0	0	0	0	0	0	0	0	1	0	0	0	0	1	0	0	0	0	0	0
水环境问题感知	0	0	0	0	0	0	0	0	0	0	0	0	0	0	1	1	0	0	0	0	0	0	0	0	0
价格感知	1	0	0	0	0	0	0	0	0	0	0	0	0	0	0	0	0	0	0	0	0	0	0	0	0
公众情绪	1	0	0	0	0	0	0	0	0	0	0	0	0	0	0	0	0	1	1	0	0	0	0	0	0
节水意识	1	0	0	0	0	0	0	0	0	0	0	0	0	0	0	0	0	0	0	0	0	0	0	0	0
水环境保护意识	1	0	0	0	0	0	0	0	0	0	0	0	0	1	0	0	0	0	0	0	0	0	0	0	0
政府信任	1	0	0	0	0	0	0	0	0	0	0	0	0	0	0	0	0	0	0	0	0	0	0	0	0
行为控制	1	0	0	0	0	0	0	0	0	0	1	0	0	1	0	0	0	0	1	0	0	0	0	0	0
了解程度	1	0	0	0	0	0	0	0	0	0	0	0	0	1	0	0	0	0	0	0	0	0	0	0	0
年龄	1	0	0	0	0	0	0	0	0	0	0	0	1	0	1	1	0	1	0	0	0	0	0	0	0
性别	0	0	0	0	0	0	0	0	0	0	0	0	0	0	0	1	0	0	0	0	0	0	0	0	0
教育水平	0	0	0	0	0	0	0	0	0	0	0	0	1	0	0	0	0	0	0	0	0	0	0	0	0
收入水平	0	0	0	0	0	0	0	0	0	0	0	0	1	0	0	0	0	0	0	0	0	0	0	0	01
水资源缺乏经历	0	0	0	0	0	0	0	0	0	0	0	1	0	0	1	1	0	0	0	0	0	0	0	0	0
家庭结构	0	0	0	0	0	0	0	0	0	0	1	0	0	0	0	0	0	0	0	0	0	0	0	0	0

2. 可达矩阵的计算

可达矩阵展示要素之间是否存在着连接路径：①如果数字为 1，则表示某要素到另一要素之间存在路径；②如果数字为 0，则表示某要素到另一要素之间不存在路径。也就是说，可达矩阵表示元素 F_i 与 F_j 存在某种可传递的二元关系，即在有向图中 i 节点存在通往 j 节点的有向可达路径，则认为 F_i 与 F_j 之间是可达的。依据布尔运算法则对邻接矩阵进行计算，直到 $M=(A+I)n+1=(A+I)n\neq(A+I)n-1$ 成立，则 M 为可达矩阵。本章通过 Matlab 软件进行计算，得到可达矩阵 M，如表 10.2 所示。

表 10.2 可达矩阵

变量	再生水回用行为	主观规范	设施建设	信息公开	再生水知识普及	社会规范	污水来源	处理技术	再生水回用用途	再生水品质	风险感知	水环境问题感知	价格感知	公众情绪	节水意识	水环境保护意识	政府信任	行为控制	了解程度	年龄	性别	教育水平	收入水平	水资源缺乏经历	家庭结构
再生水回用行为	1	0	0	0	0	0	0	0	0	0	0	0	0	0	0	0	0	0	0	0	0	0	0	0	0
主观规范	1	1	0	0	0	0	0	0	0	0	1	0	0	1	0	0	0	1	1	0	0	0	0	0	0
设施建设	1	0	1	0	0	0	0	0	0	0	1	0	0	1	0	0	0	1	1	0	0	0	0	0	0
信息公开	1	0	0	1	0	0	0	0	0	0	1	1	0	1	1	1	0	1	1	0	0	0	0	0	0
再生水知识普及	1	0	0	0	1	0	1	1	1	1	1	1	1	1	1	1	0	1	1	0	0	0	0	0	0
社会规范	1	1	0	0	0	1	0	0	0	0	1	0	0	1	0	0	0	1	1	0	0	0	0	0	0
污水来源	1	0	0	0	0	0	1	0	0	0	1	0	0	1	0	0	0	1	1	0	0	0	0	0	0
处理技术	1	0	0	0	0	0	0	1	0	0	1	0	0	1	0	0	0	1	1	0	0	0	0	0	0
再生水回用用途	1	0	0	0	0	0	0	0	1	0	1	0	0	1	0	0	0	1	1	0	0	0	0	0	0
再生水品质	1	0	0	0	0	0	0	0	0	1	1	0	0	1	0	0	0	1	1	0	0	0	0	0	0
风险感知	1	0	0	0	0	0	0	0	0	0	1	0	0	1	0	0	0	1	1	0	0	0	0	0	0
水环境问题感知	1	0	0	0	0	0	0	0	0	0	1	1	0	1	1	1	0	1	1	0	0	0	0	0	0
价格感知	1	0	0	0	0	0	0	0	0	0	0	0	1	0	0	0	0	0	0	0	0	0	0	0	0
公众情绪	1	0	0	0	0	0	0	0	0	0	1	0	0	1	0	0	0	1	1	0	0	0	0	0	0
节水意识	1	0	0	0	0	0	0	0	0	0	0	0	0	0	1	0	0	0	0	0	0	0	0	0	0
水环境保护意识	1	0	0	0	0	0	0	0	0	0	1	0	0	1	0	1	0	1	1	0	0	0	0	0	0
政府信任	1	0	0	0	0	0	0	0	0	0	0	0	0	0	0	0	1	0	0	0	0	0	0	0	0
行为控制	1	0	0	0	0	0	0	0	0	0	1	0	0	1	0	0	0	1	1	0	0	0	0	0	0
了解程度	1	0	0	0	0	0	0	0	0	0	1	0	0	1	0	0	0	1	1	0	0	0	0	0	0
年龄	1	0	0	0	0	0	0	0	0	0	1	0	1	1	1	1	0	1	1	1	0	0	0	0	0
性别	1	0	0	0	0	0	0	0	0	0	1	0	0	1	0	1	0	1	1	0	1	0	0	0	0

续表

变量	再生水回用行为	主观规范	设施建设	信息公开	再生水知识普及	社会规范	污水来源	处理技术	再生水回用用途	再生水品质	风险感知	水环境问题感知	价格感知	公众情绪	节水意识	水环境保护意识	政府信任	行为控制	了解程度	年龄	性别	教育水平	收入水平	水资源缺乏经历	家庭结构
教育水平	1	0	0	0	0	0	0	0	0	0	0	0	1	0	0	0	0	0	0	0	0	1	0	0	0
收入水平	1	0	0	0	0	0	0	0	0	0	0	0	1	0	0	0	0	0	0	0	0	0	1	0	0
水资源缺乏经历	1	0	0	0	0	0	0	0	0	0	1	1	0	1	1	1	0	1	1	0	0	0	0	1	0
家庭结构	1	0	0	0	0	0	0	0	0	0	1	0	0	1	0	0	0	1	1	0	0	0	0	0	1

3. 可达矩阵的层级分解

通过对可达矩阵进行层级分解，可以更清晰地展现各因素之间的层次关系，进而构建层级结构模式。首先，对可达矩阵进行结构划分，得到每个因素的可达集 $R(F_i)$ 、先行集 $A(F_i)$ 及交集 $R(F_i)\cap A(F_i)$，具体结果见表 10.3。其次，按照交集 $R(F_i)\cap A(F_i)$=可达集 $R(F_i)$ 的条件，对元素进行层级细化处理。

表 10.3　可达集、先行集及其交集

变量	可达集 R	先行集 A	交集 $Q=R\cap A$
再生水回用行为	1	1，2，3，4，5，6，7，8，9，10，11，12，13，14，15，16，17，18，19，20，21，22，23，24，25	1
主观规范	1，2，11，14，18，19	2，6	2
设施建设	1，3，11，14，18，19	3	3
信息公开	1，4，11，12，14，15，16，18，19	4	4
再生水知识普及	1，5，7，8，9，10，11，12，13，14，15，16，18，19	5	5
社会规范	1，2，6，11，14，18，19	6	6
污水来源	1，7，11，14，18，19	5，7	7
处理技术	1，8，11，14，18，19	5，8	8
再生水回用用途	1，9，11，14，18，19	5，9	9
再生水品质	1，10，11，14，18，19	5，10	10
风险感知	1，11，14，18，19	2，3，4，5，6，7，8，9，10，11，12，14，16，18，19，20，21，24，25	19,18,11,14
水环境问题感知	1，11，12，14，15，16，18，19	4，5，12，24	12
价格感知	1，13	5，13，20，22，23	13

续表

变量	可达集 R	先行集 A	交集 $Q=R\cap A$
公众情绪	1，11，14，18，19	2，3，4，5，6，7，8，9，10，11，12，14，16，18，19，20，21，24，25	19,18,11,14
节水意识	1，15	4，5，12，15，20，24	15
水环境保护意识	1，11，14，16，18，19	4，5，12，16，20，21，24	16
政府信任	1，17	17	17
行为控制	1，11，14，18，19	2，3，4，5，6，7，8，9，10，11，12，14，16，18，19，20，21，24，25	19,18,11,14
了解程度	1，11，14，18，19	2，3，4，5，6，7，8，9，10，11，12，14，16，18，19，20，21，24，25	19,18,11,14
年龄	1，11，13，14，15，16，18，19，20	20	20
性别	1，11，14，16，18，19，21	21	21
教育水平	1，13，22	22	22
收入水平	1，13，23	23	23
水资源缺乏经历	1，11，12，14，15，16，18，19，24	24	24
家庭结构	1，11，14，18，19，25	25	25

注：数字代表某因素，如 2 代表第 2 个因素

根据表 10.3 数据，通过对可达矩阵进行层级分解发现，再生水回用行为影响因素可以分为四层，如表 10.4 所示。顶层表示系统最终目标，往下各层分别表示的是上一层的原因；底层表示系统最初的原因，往上各层分别是下一层的结果。

表 10.4　层次分解

层级	要素
第一层	节水意识、价格感知、风险感知、政府信任、公众情绪、行为控制、了解程度
第二层	家庭结构、污水来源、收入水平、教育水平、处理技术、再生水回用用途、再生水品质、水环境保护意识、设施建设、主观规范
第三层	水环境问题感知、年龄、性别、社会规范
第四层	信息公开、再生水知识普及、水资源缺乏经历

10.3　结果及分析

本章运用解释结构模型的方法，通过 4~9 章的研究结论形成邻接矩阵数据，并基于此计算可达矩阵，进行层级分解，分析再生水回用行为影响的多级递阶的层级结构，并最终形成再生水回用行为影响因素的解释结构模型。

对可达矩阵进行层级分解发现，再生水回用行为的影响因素可以分为四层：

节水意识、价格感知、风险感知、政府信任、公众情绪、行为控制、了解程度是第一层因素；家庭结构、污水来源、收入水平、教育水平、处理技术、再生水回用用途、再生水品质、水环境保护意识、设施建设、主观规范是第二层因素；水环境问题感知、年龄、性别、社会规范组成了第三层因素；信息公开、再生水知识普及、水资源缺乏经历是第四层因素。在所有影响因素中，信息公开、再生水知识普及和水资源缺乏经历是最根本的驱动因素，它们不受其他因素的影响，是从源头上作用于居民再生水回用行为的重要自变量，通过水环境问题感知、水环境保护意识、风险感知等中介因素对再生水回用行为产生影响。

利用层级关系示意图来展示再生水回用行为影响因素的解释结构模型，如图 10.1 所示，图中加粗的线条代表了影响再生水回用行为的主要作用路径。主要研究结论如下。

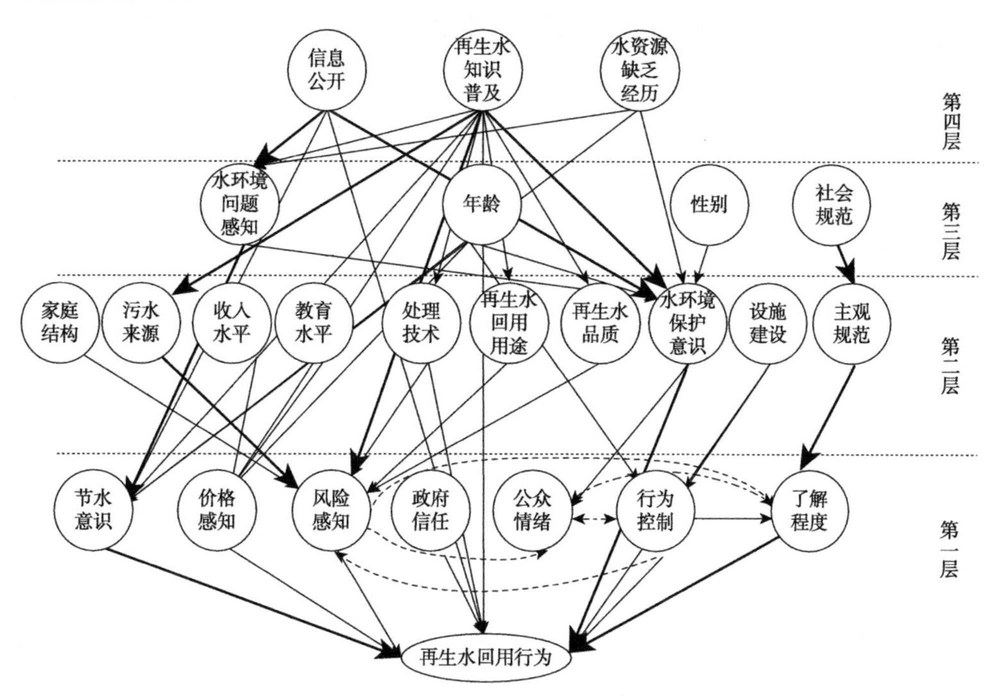

图 10.1　再生水回用行为影响因素的解释结构模型

-·-·-·-表示两个指标间相互作用；------表示同一层因素间的作用关系；
———表示不同层级间因素间的作用关系

（1）社会规范是重要的驱动因素，通过主观规范和了解程度对居民再生水回用行为产生影响，其对居民再生水回用行为的作用路径如下。

路径 1：社会规范→主观规范→了解程度→再生水回用行为。

（2）信息公开、再生水知识普及是重要的驱动因素，对再生水回用行为有着显著影响。二者除直接作用于再生水回用行为以外，还通过水环境问题感知和水环境保护意识等因素间接作用于再生水回用行为。另外，再生水知识普及会影响居民对再生水的处理技术、再生水回用用途以及再生水品质等信息的了解，这些信息显著影响居民对再生水回用行为的风险感知。主要作用路径如下。

路径 2：信息公开→水环境保护意识→再生水回用行为。

路径 3：信息公开→水环境问题感知→节水意识→再生水回用行为。

路径 4：再生水知识普及→污水来源→风险感知→再生水回用行为。

路径 5：再生水知识普及→水环境保护意识→再生水回用行为。

路径 6：再生水知识普及→风险感知→再生水回用行为。

（3）水环境问题感知、水环境保护意识和风险感知是重要的中间因素，起到显著中介作用。

（4）在人口统计学特征中，年龄对再生水回用行为的影响路径最多。

第 11 章　社会规范对再生水回用行为的促进作用

从再生水回用行为解释结构模型可以得出社会规范是影响居民再生水回用行为的重要因素之一。社会规范是指居民在决策是否接受再生水时感知到的社会压力，这说明营造积极回用再生水的社会氛围对引导居民接受再生水至关重要。为此，项目组以此为基点，通过实验工具来模拟基于社会规范的驱动策略并探索其对再生水回用行为的促进效果。

11.1　研究步骤、数据来源和研究方法

此实验的任务包括社会规范情境激活实验和事件相关电位实验两个阶段。其中，社会规范情境激活实验的结果是事件相关电位实验设计的基础。

11.1.1　社会规范情境激活实验

1. *实验方法*

本次社会规范情境激活实验的参与者为西安建筑科技大学主校区内在校大学生群体，采取随机采访方式发放实验问卷。参与者被划分至“描述性社会规范组”、“命令性社会规范组”和“无社会规范组”，如参与者有参与后续认知神经科学相关实验的意愿则优先让其填写“无社会规范组”问卷。参与者被要求阅读一份社会规范激活材料，然后研究人员再以 6 级李克特量表收集参与者对 12 类再生水回用用途接受行为的态度数据。此次情境激活实验共计 175 人参与（女生 90 人，男生 85 人；平均年龄 22.57 岁）。最后，根据此次社会规范情境激活实验选择事件

相关电位实验中更有效的社会规范呈现方式，对脑电参与者进行情境引入。

2. 数据处理

当社会规范被个体接受并处于激活状态时才会对个体行为决策产生引导，故在受访者阅读完激活材料后需设置相应的题目来检验社会规范激活效果，社会规范激活失败的问卷数据应予以剔除，并采用单因素被试间设计对收集到的有效数据进行分析。其中，社会规范激活检验考察参与者在阅读社会规范材料时对于关键信息的获知情况，参与者根据阅读材料填写相关内容，对于答案与材料内容不一致的问卷予以剔除，此阶段共获得有效问卷 160 份，其中“描述性社会规范组”54 份、“命令性社会规范组”52 份、“无社会规范组”54 份。

3. 结果分析

此实验以社会规范类型为自变量，通过考察经过社会规范激活后参与者对 12 类再生水回用用途的接受意愿，对比无社会规范、描述性社会规范和命令性社会规范对参与者再生水回用意愿的影响，如表 11.1 所示。首先，通过分析排除了性别（男生：M=4.23，SD=0.725；女生：M=4.27，SD=0.751）对再生水回用意愿的影响（F=0.334，P=0.564），故在此次分析中不予考虑性别对结果的影响。其中，M 代表均值；SD 代表标准差；F 为组间均方和组内均方的比值；P 为检验 F 的置信区间。

表 11.1　不同社会规范类型情境下参与者的 12 类再生水回用意愿

社会规范情境	再生水回用方向		再生水回用意愿	均值	标准误差	社会规范情境	再生水回用方向		再生水回用意愿	均值	标准误差
无社会规范	公共回用	车辆清洗	4.50	4.62	1.397	描述性社会规范	公共回用	车辆清洗	5.63	5.40	0.760
		道路冲洒	5.11		1.076			道路冲洒	5.61		0.627
		灌溉蔬菜	3.44		1.396			灌溉蔬菜	4.28		1.595
		景观用水	4.74		1.200			景观用水	5.61		0.738
		消防用水	4.72		1.265			消防用水	5.72		0.596
		植树造林	5.20		1.105			植树造林	5.57		0.860
	个人回用	冲洗厕所	4.83	3.16	1.209		个人回用	冲洗厕所	5.67	3.84	0.752
		清洁口腔	2.09		1.137			清洁口腔	2.78		1.475
		清洁双手	3.59		1.237			清洁双手	3.87		1.493
		清洗衣物	3.94		1.172			清洗衣物	4.52		1.526
		淋浴洗澡	2.98		1.367			淋浴洗澡	3.52		1.539
		日常饮用	1.54		0.862			日常饮用	2.70		1.369

续表

社会规范情境	再生水回用方向		再生水回用意愿	均值	标准误差	社会规范情境	再生水回用方向		再生水回用意愿	均值	标准误差
命令性社会规范	公共回用	车辆清洗	5.25	5.04	1.135	命令性社会规范	个人回用	冲洗厕所	5.42	3.44	0.977
		道路冲洒	5.15		1.073			清洁口腔	2.17		1.115
		灌溉蔬菜	3.75		1.384			清洁双手	3.69		1.408
		景观用水	5.13		1.358			清洗衣物	4.38		1.140
		消防用水	5.58		0.801			淋浴洗澡	3.25		1.440
		植树造林	5.35		0.988			日常饮用	1.73		0.819

从社会规范的类型来看，描述性社会规范组再生水回用意愿平均值（4.62）和命令性社会规范组再生水回用意愿平均值（4.24）均高于无社会规范组再生水回用意愿平均值（3.89），如表 11.2 所示。这表明在社会规范情境下激活自身社会规范后参与者的再生水回用意愿会显著提高，且两种类型间存在差异。描述性社会规范组参与者的再生水回用意愿高于命令性社会规范组的参与者，则意味着描述性社会规范和命令性社会规范对于大学生再生水回用意愿的影响存在差异，且描述性社会规范对大学生再生水回用意愿具有更强的驱动效果。ANOVA 验证了以上的结果，以社会规范情境为因子，以再生水回用意愿为因变量验证了无社会规范组、描述性社会规范组和命令性社会规范组之间的再生水回用意愿具有显著差异（F=15.812，P<0.001）。

表 11.2　不同社会规范类型情境下参与者平均再生水回用意愿

变量	无社会规范		描述性社会规范		命令性社会规范	
	公共回用	个人回用	公共回用	个人回用	公共回用	个人回用
再生水回用意愿	4.62	3.16	5.40	3.84	5.04	3.44
平均再生水回用意愿	3.89		4.62		4.24	

11.1.2　事件相关电位实验

1. 实验参与者

本次实验参与者招募采用公众号宣传推广和线下招募两种方式，共招募西安建筑科技大学主校区大学生 34 名，其中 4 名参与者参与了事件相关电位预实验阶段（女生 3 人，男生 1 人；平均年龄 23.59 岁），30 名参与者加入了事件相关电位正式实验阶段（男生 15 人，女生 15 人；平均年龄 23.14 岁），满足本次事件相关电位实验参与人数要求。所有实验参与者都是右撇子，视力正常或视力矫正后正常，没有神经系统疾病史和遗传疾病史，近期也没有参加过类似实验。参与者被要求在实验前24小时内避免服用可能影响其精神状态的饮料或药物，如酒精饮料、咖啡、茶、香烟等。实验结束后所有参与者将获得西安建筑科技大学神经工程管理实验室的文创奖品（文创雨伞一把、实验过程纪念照一张），对于实验过程中表现认真专注的参与者再发放20元的参与者奖励费。所有参与本次实验的参与者在实验前均填写书面知情同意书。

2. 实验材料

为了确保对参与者社会规范的激活效果，本阶段研究根据社会规范情境激活实验分组调研结果选取了更为合适的社会规范呈现方式。基于情境激活实验中发现描述性社会规范能够引起大学生更大的兴趣并对其再生水回用意愿产生更大的影响这一研究结论，在此实验中继续使用描述性社会规范作为事件相关电位实验中社会规范的材料刺激类型。

在事件相关电位实验中，预期反馈与实际反馈不匹配是诱发反馈相关负波（feedback related negativity，FRN）出现的前提之一。为了创造社会规范偏差的情境，从情境激活实验提供的12类再生水回用方向中选取方差值较大的前6项再生水回用方向作为事件相关电位实验中再生水回用方向的刺激材料，按照方差从大到小进行排序：灌溉蔬菜、淋浴洗澡、清洁双手、清洗衣物、清洁口腔、日常饮用。根据在校大学生的社交特征和学校组织机构设置，此实验中假定在校大学生社交群体社会距离由远及近分别为同学校的人员、同专业的人员及同宿舍的人员。

3. 实验流程

此实验的事件相关电位实验任务改编自经典“建议-决策”范式（judge-advisor system，JAS），此范式包含决策者、决策任务和他人建议三大经典要素。在此实验中参与者将作为决策者，按照其即时想法选择自身对于某类再生水回用方向的接受意愿作为决策任务，以虚假报告法呈现不同群体所产生的社会规范作为提供给参与者参考的建议。在实验结束后告知参与者实验中所呈现的建议并非实际调研结果，同时给参与者提供社会规范情境实验的真实调研结果。

此实验与传统JAS程序顺序中包含的初始决策、他人建议和最终决策不同，此实验将建议采纳过程分为两个任务。在第一次实验（Task 1，如图11.1所示）中，参与者先做出初始再生水意愿选择后告知其周围人的社会规范，该试次[①]将

① 试次：实验心理学的概念，表示一个实验中进行测量记录的最小单位。

被重复240次。在第二次实验（Task 2，如图11.1所示）中，调换二者顺序，先告知参与者周围人的社会规范再要求参与人回答自身的再生水回用意愿，该试次同样将被重复 240 次。

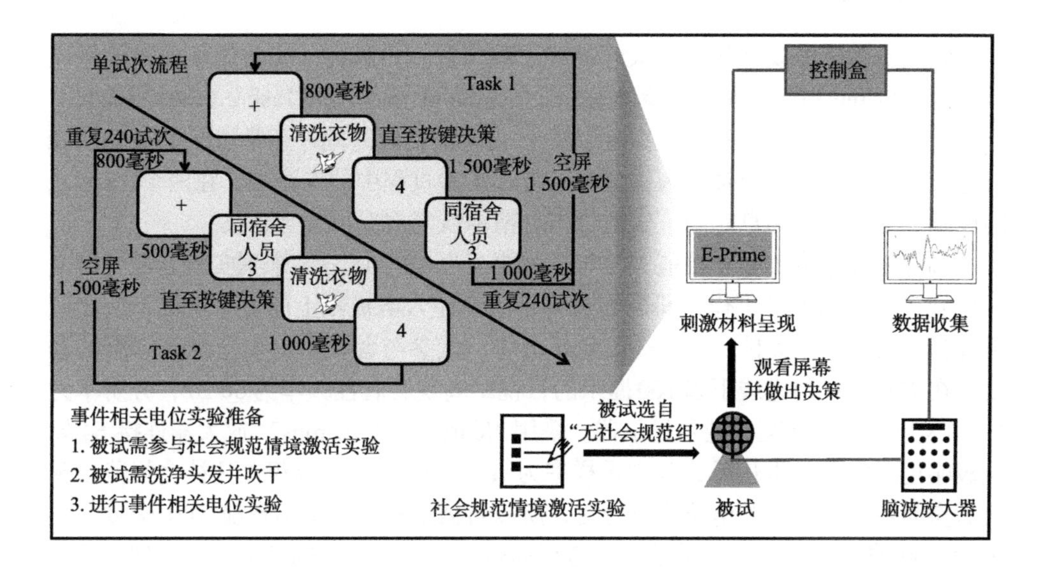

图 11.1　事件相关电位实验流程图

此实验中将决策者的最初再生水回用意愿值与呈现的社会规范值的差异程度定义为社会规范偏差值。社会规范偏差值为零时，被称为无社会规范偏差，其余情况为存在社会规范偏差。将社会规范偏差情境细分为正向社会规范偏差和负向社会规范偏差，当呈现的社会规范值大于决策者的最初再生水回用意愿值时被定义为正向社会规范偏差，反之，则被定义为负向社会规范偏差。

正式实验开始前将通过实验指导语告知参与者接下来他会参与一项关于再生水回用意愿的调查，确认了解实验任务后按下空格键开始正式实验。Task 1 的每个试次开始前，屏幕中央将呈现一个“+”维持 800 毫秒，用以集中参与者的精神力。接下来在屏幕中央将呈现一种再生水的回用用途，参与者将在此界面上做出自己的意愿选择，即采用 6 级李克特量表打分，从 1（非常不接受）到 6（非常接受），该界面直至参与者用键盘做出按键反应才会跳转至下一界面。接着在呈现 1 000 毫秒参与者对此项再生水回用意愿选择结果后，呈现 1 500 毫秒某一社会群体的社会规范。一个试次结束后，屏幕将空置 1 500 毫秒。Task 1 结束后，进入为期 5 分钟的休息时间，休息时间可根据参与者的精神状态适当延长。在休息时间结束后将开始进行 Task 2。Task 2 中的试次与 Task 1 中不同之处在于将社会规范的呈现置于参与者做出意愿选择之前，同时对呈现的社会规范进行操纵，各试次均分至 3 组社会距离群体。Task 1 和 Task 2 的每个实验的详细信息见图 11.1。

4. 数据采集

此次实验于西安建筑科技大学神经工程实验室中进行。实验编程和实验呈现都通过 E-Prime 3.0[①]实现，实验分为 Task 1（240 个试次）和 Task 2（240 个试次）两个阶段，参与者按键的时长决定了两个 Task 的持续时间，正常情况下每个 Task 的持续时间在 25~30 分钟。为保证参与者在实验过程中的专注度，在两个 Task 之间设置 5 分钟强制休息时间，依据参与者精神恢复情况可适当延长。

事件相关电位实验开始前，参与者需要至少提前 45 分钟来到实验室配合研究人员做实验前的准备工作，研究人员将导电膏注入电极帽上的每个电极，使之电阻降低至 5 千欧以下。在正式实验开始前，让参与者调整坐姿至令人舒服的程度，在柔和的室内光线下以 100 厘米的目视距离观看属性频率为 60 Hz，分辨率为 1 920 × 1 080 的 22 英寸戴尔显示器。采用 Neuroscan Synamps2[②]放大器连接 64 导电极帽记录实验脑电信号，其中采样率为 1 000 Hz。此实验仅关注社会规范出现前后参与者的事件相关电位成分变化，所以将截取社会规范出现前 200 毫秒至出现后 700 毫秒之间的脑电波片段，最后通过叠加同类标记的脑电片段得到最后事件相关电位的总平均波形。

此实验目的在于探究个人意愿与社会规范的冲突感知，结合最终波形和前人的研究，FRN 成分和 P300 成分（P300 component）受到不同社会距离群体导致的社会规范偏差的影响。FRN 成分多出现在中前额区域，源自前脑岛和前扣带皮层附近，一般在 FZ、FCZ 和 CZ 电极振幅达到最强。P300 成分是指由刺激诱发的潜伏期约 300 毫秒的晚期正波，多分布在中央顶区位置，一般在 CZ、CPZ 和 PZ 电极振幅达到最强。其中，FZ、FCZ、CZ、CPZ 和 PZ 均是脑电实验设备之一电极帽上的电极位置标识。因此在此实验中将主要分析 FZ、FCZ、CZ、CPZ 和 PZ 电极上产生的脑电波动情况。

此实验中为了确认大学生对社会规范偏差在神经层面的作用机制，将社会规范偏差情境划分为无社会规范偏差、正向社会规范偏差和负向社会规范偏差三类情况，采用 ANOVA 验证 Task 1 中 FRN 和 P300 波幅峰值数据。为了确认不同社会距离群体产生的社会规范偏差情境对大学生再生水回用意愿影响的神经特征，将依据［2（社会规范偏差情境：正向社会规范偏差和负向社会规范偏差）× 3（社会距离：同宿舍人员、同专业人员和同学校人员）］条件划分成六种情境，

① E-Prime 3.0：心理学实验操作平台，一般用以设计实验编程和实验呈现。

② Neuroscan Synamps2：脑电数据采集设备名称。

采用双向 ANOVA 验证 Task 1 中 FRN 和 P300 波幅峰值数据。最后，将 Task 2 中的 P300 波幅峰值数据用单因素 ANOVA 验证，用以补充说明社会距离在大学生中的认知注意情况。

11.2　结果及分析

11.2.1　对社会规范偏差的感知

为了探讨大学生对再生水回用中社会规范偏差的感知，将参与者的社会规范状况与再生水回用行为之间的差异分为三类：无社会规范偏差、正向社会规范偏差和负向社会规范偏差。图 11.2 显示了在上述三种情况下，在 FZ、FCZ、CZ、CPZ 和 PZ 电极上诱发的平均事件相关电位波形。图 11.3 和图 11.4 显示了 FRN 和 P300 的脑型图和峰值方差分析。表 11.3 显示了上述三种情况下 FRN 和 P300 的平均峰值和标准误差。

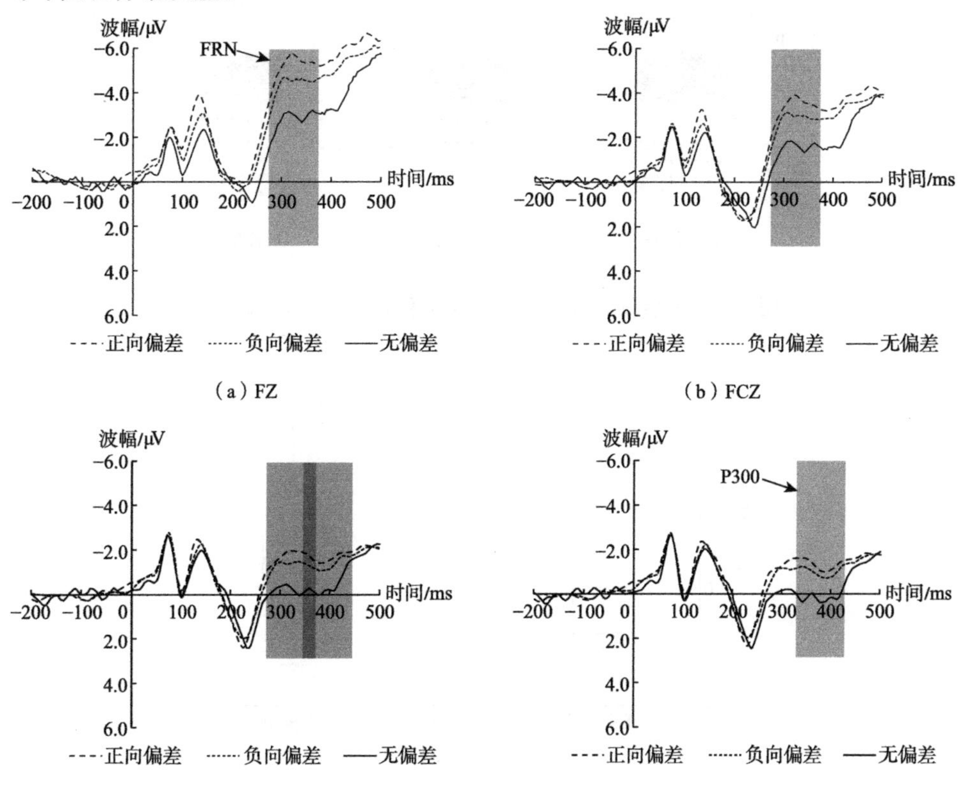

（a）FZ　（b）FCZ　（c）CZ　（d）CPZ

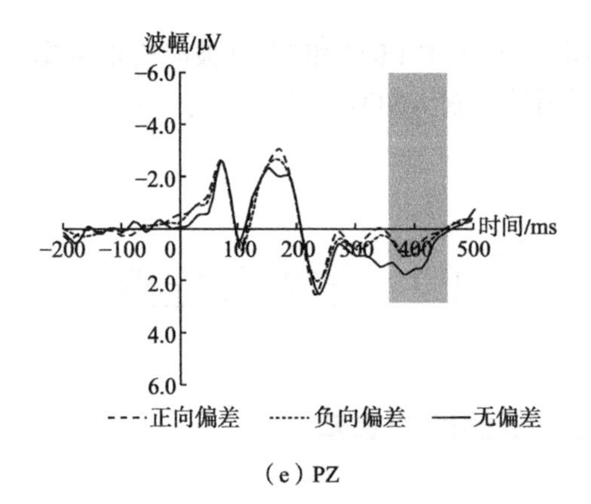

（e）PZ

图 11.2 Task 1 中社会规范偏差情境下 FZ、FCZ、CZ、CPZ 和 PZ 的事件相关电位波形

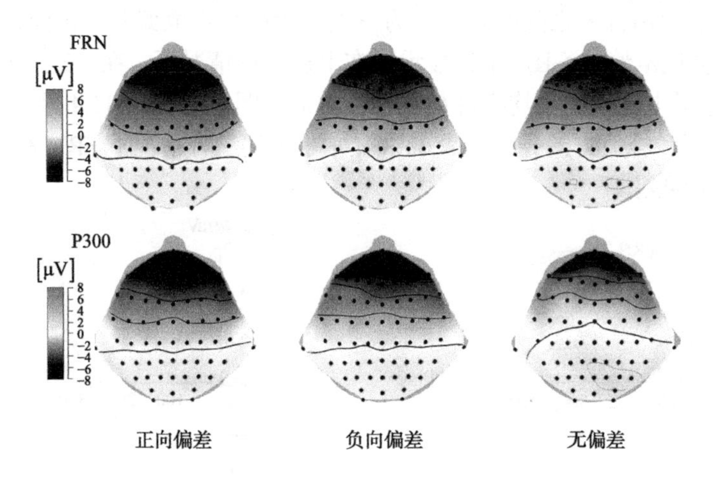

图 11.3 社会规范偏差情境下 FRN 和 P300 成分的脑型图

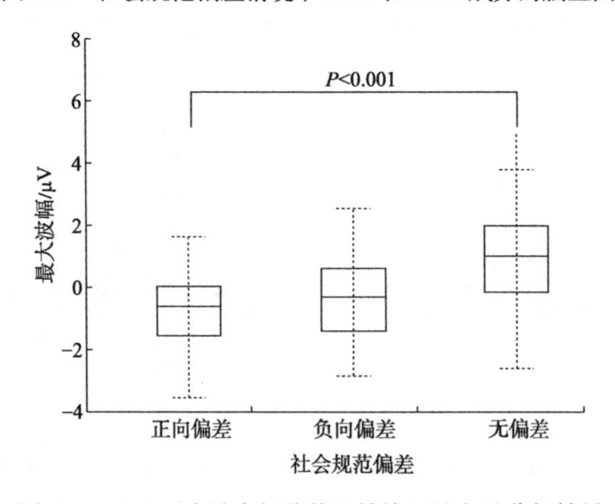

图 11.4 Task 1 中社会规范偏差情境下的方差分析结果

表 11.3　社会规范偏差情境下 FRN 和 P300 的平均峰值和标准误差

社会规范偏差情境	EEG 成分			
	FRN		P300	
	平均峰值	标准误差	平均峰值	标准误差
正向社会规范偏差	−4.227	2.184	0.613	1.150
负向社会规范偏差	−3.392	2.842	0.990	1.310
无社会规范偏差	−1.985	2.798	2.330	1.650

FRN：参与者对反馈结果的感知动机和情感越强，诱发的 FRN 幅度越大。此实验将 FZ、FCZ 和 CZ 三个电极上于 280~380 毫秒所观察到的 EEG 波幅作为诱发的 FRN 成分，幅度反映了大学生在行为与社会规范不一致时的观点和态度。只要自身再生水回用行为选择与社会规范产生偏差，FRN 波幅总是更为显著。在偏差情境中，正向社会规范偏差情境比负向社会规范偏差情境诱发的 FRN 波幅更强。

P300：P300 成分与注意力资源的分配有关，P300 成分的振幅越大，参与者分配的注意力越多，P300 对正反馈也更敏感。此实验将 FZ、FCZ 和 CZ 三个电极上于 350~450 毫秒所观察到的 EEG 波幅作为诱发的 P300 成分，振幅代表了当大学生的行为和社会规范不同时，个体对不同情况的关注程度。当自身选择与周围人的选择一致时，将引起更为显著的 P300 成分，但正向社会规范偏差和负向社会规范偏差的 P300 振幅并无显著差异性。

11.2.2　对不同社会距离群体的社会规范偏差的感知

为进一步探索大学生对不同社会距离群体提出的社会规范的态度，我们根据 Task 1 中的 FZ、FCZ 和 CZ 电极波形以及 Task 2 中的 CZ、CPZ 和 PZ 电极波形，分别分析了 FRN 成分（280~380 毫秒）和 P300 成分（350~450 毫秒）。表 11.4 显示了 FRN 和 P300 在三种社会距离类型中的平均峰值和标准误差。

表 11.4　不同社会距离情境下 FRN 和 P300 的平均峰值和标准误差

社会规范情境		EEG 成分			
社会距离	社会规范偏差	FRN		P300	
		平均峰值	标准误差	平均峰值	标准误差
宿舍	正偏差	−6.616	2.104	1.920	1.343
	负偏差	−5.193	1.911		
专业	正偏差	−4.849	2.219	1.302	1.669
	负偏差	−4.380	2.251		
学校	正偏差	−3.934	2.538	0.959	1.090
	负偏差	−3.523	2.415		

FRN：图 11.5 显示了分别在正向社会规范偏差和负向社会规范偏差下，三个社会距离组在 FZ、FCZ 和 CZ 电极处由 Task 1 诱发的 FRN 的平均事件相关电位波形。

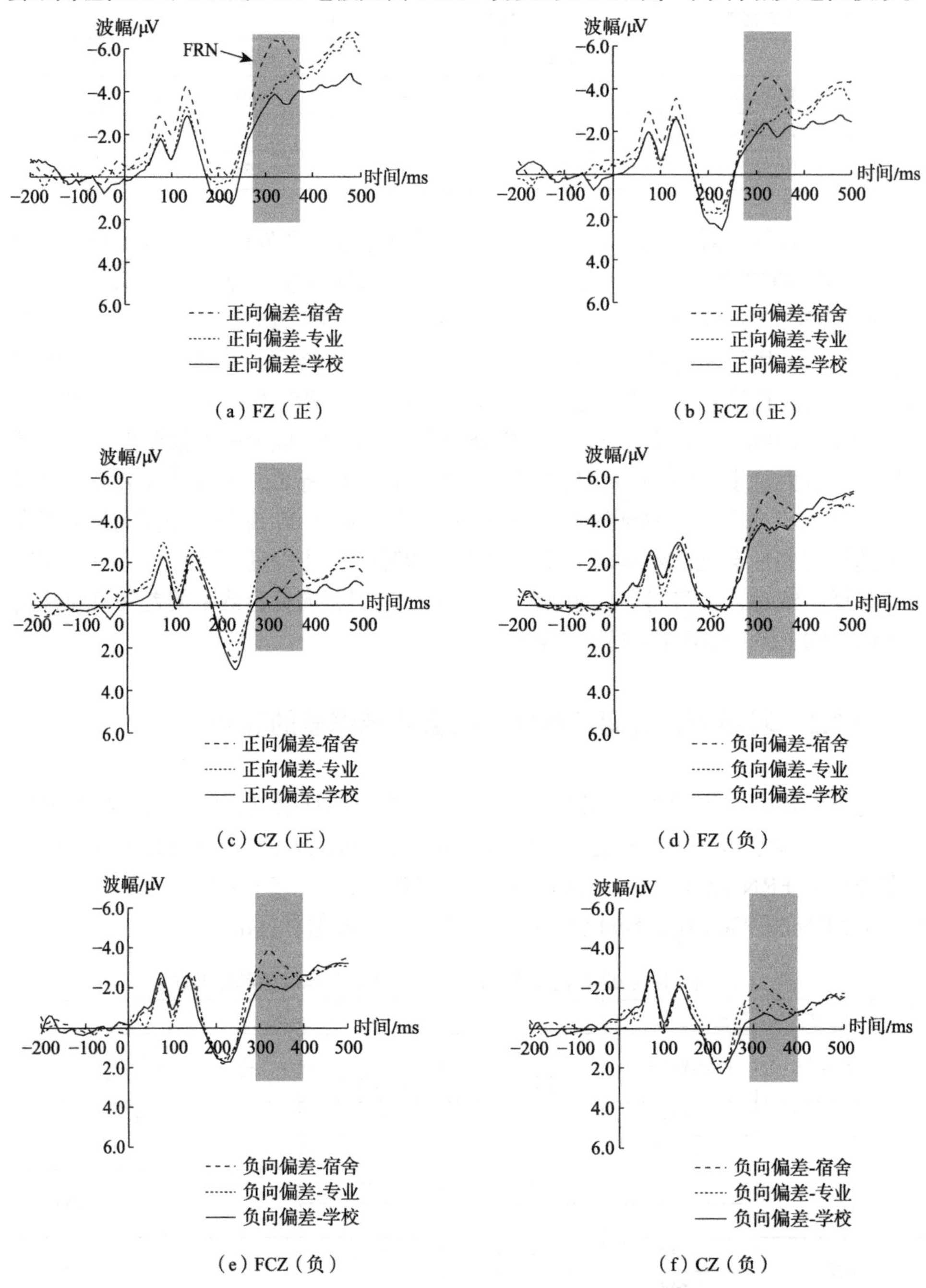

图 11.5 Task 1 中不同社交距离的社会规范偏差在 FZ、FCZ 和 CZ 上的平均事件相关电位波形

在图 11.6 中，由不同社会距离唤醒的 FRN 振幅在积极（正向）和消极（负向）的社会规范偏差情况下总是具有统计显著性。当他人的社会规范与自己的选择不一致时，大学生对不同社会距离群体提出的社会规范的关注程度是不同的。图 11.6 显示，与同专业和同学校人员相比，同宿舍人员的再生水回用行为对于 FRN 波幅的激发效果是最明显的，而大学生对于同专业人员产生社会规范的 FRN 振幅又略高于同学校人员。

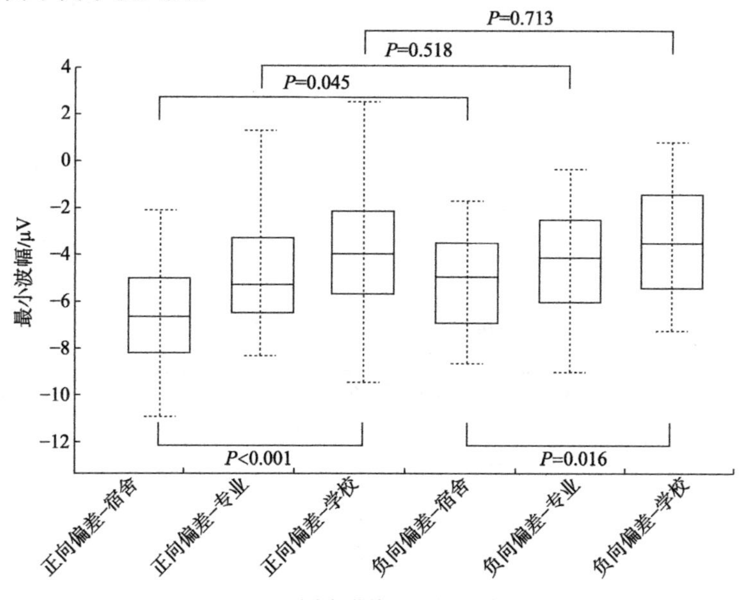

图 11.6　Task 1 中不同社交距离社会规范偏差的方差分析结果

在图 11.6 中，社会距离被用作一个变量来比较同一组大学生对积极和消极社会规范偏差的认知。经 ANOVA 检验，只有同一宿舍不同偏差情境下的 FRN 振幅有统计学意义。如图 11.6 所示，同宿舍人员的正向社会规范偏差比起负向社会规范偏差能引起更大的 FRN 波幅，也就是说，同宿舍人员意愿比自身意愿更为积极时，大学生会产生更明显的错误感知，以上结果在同专业人员组和同学校人员组中没有被证实。

P300：Task 1 中大学生在关注不同社会距离群体产生的社会规范时的 P300 波幅均不显著，故本阶段考虑采用 Task 2 中不同社会距离群体的社会规范引起的 EEG 振幅作为 P300 成分的分析对象。

在图 11.7 中显示了由三个电极诱发的平均事件相关电位波形，图 11.8 所示的 ANOVA 分析结果证实，该阶段的 P300 具有统计学意义。CZ、CPZ 和 PZ 电极上的 EEG 波幅结果均显示，社会距离越近的群体所引起的 P300 成分振幅越大。换言之，人们总是更为关注社会关系更为密切的群体的态度和建议或者说人们更愿意对社会关系更为密切的群体的社会规范花费更多的时间和精力。

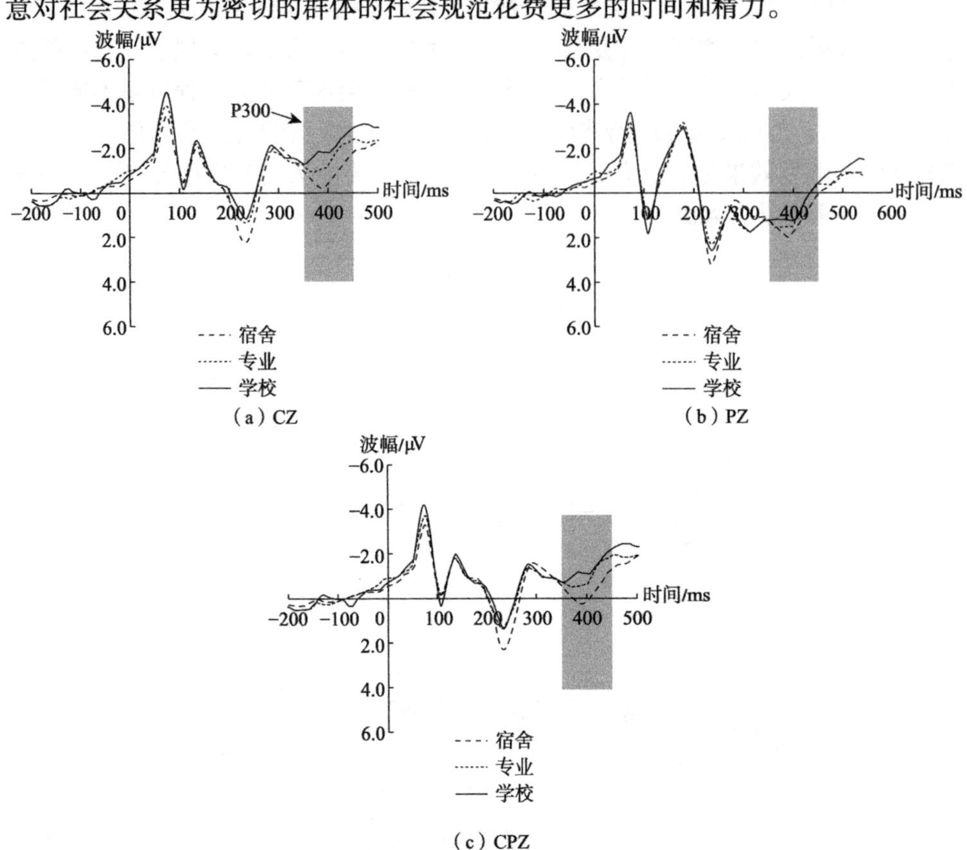

图 11.7 Task 2 中不同社会距离的 CZ、PZ 和 CPZ 的平均事件相关电位波形

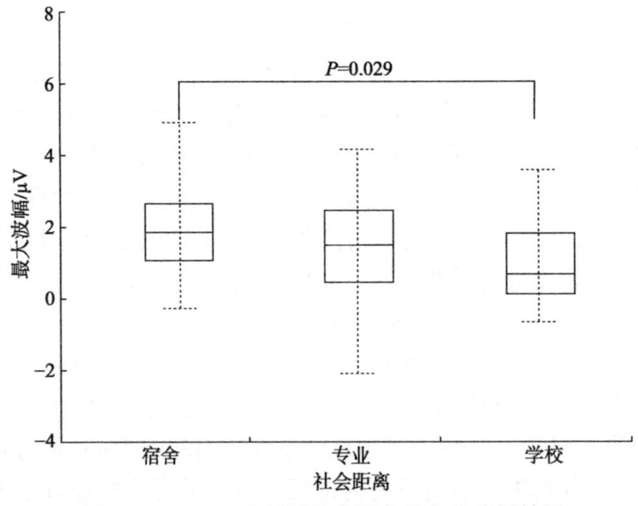

图 11.8 Task 2 中不同社会距离的方差分析结果

11.2.3　社会规范对再生水回用行为的影响

此实验通过分析按键反应时间和受社会规范影响后再生水回用行为变化情况观察社会规范的影响效果。

首先，配对样本 T-检验被用来确定参与者对按键的反应时间是否可以以社会规范为参照而缩短。表 11.5 显示了 Task 1 和 Task 2 中参与者的选择结果和响应时间的均值（M）和标准差（SD）。参与者的基线按键响应时间基于 Task 1 中的按键响应时间，平均水平为 1 974.737 ± 783.708 毫秒。如图 11.9（a）所示，有社会规范参照情境的按键反应时间短于没有社会规范参照情境的按键反应时间，两者之间的差异具有统计学意义。决策反应时间较短的现象表明，在参与者决定是否愿意使用再生水的过程中，社会规范是决策执行的参考前提，即引入社会规范作为指导减少了参与者在选择过程中花费的时间和精力。

表 11.5　事件相关电位实验的不同阶段再生水回用行为和响应时间的均值和标准差

实验阶段		再生水回用行为	反应时间/毫秒
Task 1		3.554±1.601	1 974.737 ± 783.708
Task 2	高社会规范情境	4.110±1.662	1 503.870 ± 1 184.340
	低社会规范情境	3.160±1.595	1 556.190 ± 1 238.536

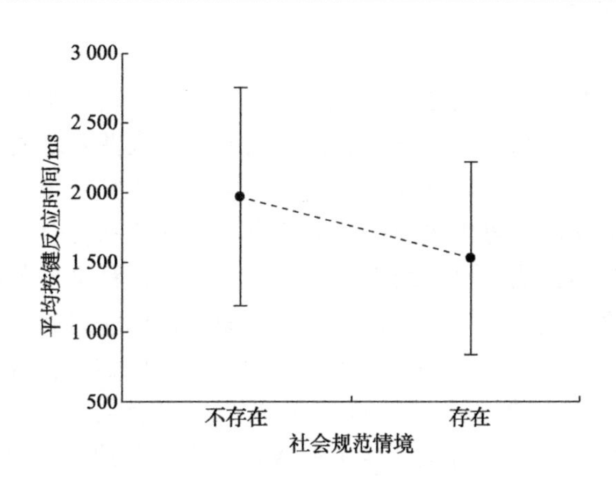

（a）没有社会规范的 Task 1 和有社会规范的 Task 2 的平均响应时间

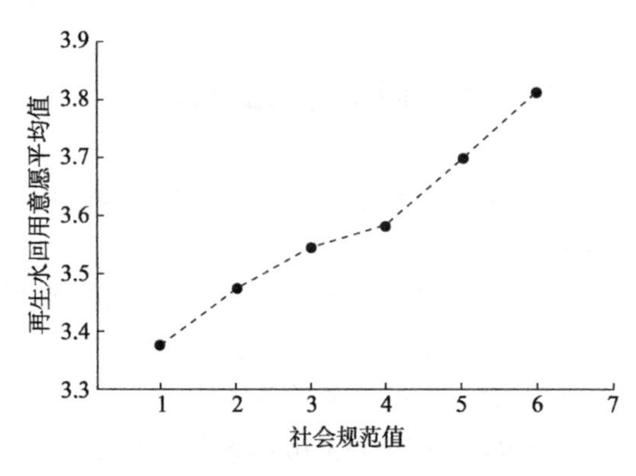

（b）Task 2 中的社会规范值的先验值函数

图 11.9 不同社会规范影响下的参与者平均按键反应时间差异及再生水回用行为的变化情况

其次，用单向 ANOVA 验证了在不同社会规范的影响下，参与者的再生水回用行为确实存在差异（F=12.067，P<0.001）。Task 2 中的社会规范情境根据 Task 1 收集的再生水回用的平均意图（M=3.554，SD=1.601）分为低情境和高情境。参与者在高社会规范情境（M=4.110，SD=1.662）影响下的再生水回用行为高于之前的基线行为，而参与者在低社会规范情境（M=3.160，SD=1.595）影响下的再生水回用行为有所降低。结果表明社会规范情境类型对参与者再生水回用行为产生显著影响。

11.2.4 结果分析

居民对再生水回用的抵制已经成为进一步推广使用再生水作为替代水源的制约因素。然而，目前自来水的价格太低，无法通过扩大两者之间的价格差异来鼓励居民使用再生水。因此，此实验以西安市大学生为研究对象，采用事件相关电位技术，探讨社会规范对再生水回用行为的影响，期望从社会规范的角度找到促进再生水回用行为的方法。研究结论如下：①参与者在社会规范建议指导下，会倾向做出符合社会规范的行为决策，同时会缩短击键反应时间；②当个体意愿与社会规范不一致时，会引起较大的 FRN 振幅和较小的 P300 振幅，而当二者一致时，会引起较小的 FRN 振幅和较大的 P300 振幅；③社会规范偏差情境会引起更大的 FRN 和 P300 振幅。要在大学生中形成再生水使用的社会规范，应从社会关系密切的群体开始，然后由点及面形成积极使用再生水的社会规范。向上的社会攀比心理和群体认同会相互支撑、相互叠加，形成良性循环的再生水回用的良好氛围，达到通过社会规范促进大学生再生水回用行为的预期目标。

第 12 章　信息公开对再生水回用行为的促进作用

从再生水回用行为解释结构模型可以得出信息公开是影响居民再生水回用行为的重要因素之一。为此，项目组以此为基点，通过眼动实验来模拟基于信息公开的驱动策略并探索其对再生水回用行为的促进效果。

12.1　研究假设与研究方法

12.1.1　研究假设

过去的一项研究发现，阅读在线信息手册的人比那些没有阅读的人更了解和接受再生水[108]。研究人员发现政府对再生水质量和水资源状况的信息披露有利于提高公众对再生水的接受度[109]。之前的研究也发现，提供表明饮用再生水的风险相对于其他日常风险较低的信息，可以降低个人的风险感知，提高公众支持[110]。另一项研究探讨了关于特定健康风险问题信息的有效性，比较了接受再生水生产过程、安全性和其他因素信息的人与没有接受的人，结果发现，信息提高了人们对饮用再生水的接受度。接受信息的人对可饮用再生水表达了更多的积极情绪、更少的负面情绪、更低的风险感知和更多的支持[111]。少数研究从环境信息披露的角度探讨了影响公众接受再生水的因素，发现提供环境信息可以有效增强公众的节水意识和环境责任，进一步提高公众对再生水的接受程度。然而，很少有研究将信息对不同目的再生水的影响进行比较。此实验通过引入再生水信息作为影响再生水接受度的因素，探索信息如何促进公众对再生水的接受度，以及信息对不同用途的再生水接受度是否有不同的影响，从而有助于做出居民使用再生水驱动政策的正确决策。

本章试图通过探索信息是否与个体已有的图式一致来评估个体对各类信息的

关注程度，因为很少有研究用图式一致性理论来解释居民对再生水信息的认知。我们比较了居民对再生水的两种用途——冲厕和饮用的生产流程信息和环境信息的关注程度。前者是常用的、熟悉的，而后者不是广泛的、是不为人所知的，即人们对用于冲厕的再生水有更广泛、更完整的图式，但对用于饮用的再生水的认知有限，可能导致图式不一致效应。基于以上讨论，本章提出了以下假设。

H12.1：提供信息将提高人们对再生水的接受度。

H12.2：人们对再生水用于饮用信息的关注大于对再生水用于冲厕信息的关注，对生产流程信息的关注多于对环境信息的关注。

眼球追踪实验可以揭示人们潜在的认知过程。研究表明，当人们看一个物体时，他们的眼球运动反映了他们的认知过程。眼球运动揭示了人类的感知、情感和认知过程，从而预测了人类的行为。注视持续时间又称总注视持续时间，是指一个被试在某一 AOI 内所有注视持续时间的总和。有研究者认为，AOI 的长短是比较不同目标关注程度分布的最佳指标。实验选取注视时间作为参数来解释参与者对兴趣区的关注程度。参与者越感兴趣，注视持续时间越长。在此背景下，眼球追踪实验的结果将被用来支持前面的假设。

12.1.2 研究方法

1. 参与者与数据获取

该研究选在我国干旱缺水城市的典型代表西安市进行。西安市位于中国西北内陆地区，降水量较少（1991~2020 年年均降水量为 609.6 毫米），可以代表中国北方大部分缺水城市。此实验一共分三组展开，分别是无信息组、冲厕组和饮用组。

首先，无信息组是指填写问卷时没有事先浏览有关再生水信息的参与者小组。项目组采用问卷调查来评估再生水的接受度基线，参与者是一所大学的学生和教师（N=25）。女性占 56.0%，平均年龄 29.2 岁，年龄范围在 18~45 岁。问卷中包含了对再生水的简单描述、参与者的基本个人信息，以及他们对再生水用于冲厕和饮用的接受程度。其次是冲厕组和饮用组。我们重新招募了 85 名参与者参与眼球追踪实验，参与者是来自同一所大学的学生和教师。这些眼动实验参与者被分为两组，他们在浏览电脑屏幕上显示的关于再生水的信息后填写问卷。一组阅读用于冲厕的再生水信息，我们称之为冲厕组；另一组阅读用于饮用的再生水信息，我们称之为饮用组。当他们浏览信息时，我们使用眼动追踪器来收集参与者的眼动数据。因此，实验组只选择视力正常且无散光的受试者。眼动追踪实验结束后，两组参与者均需回答对再生水用于冲厕和饮用两种用途的接受程度。从这 85 名参与者中剔除问卷有漏答或重复回答的，以及眼动实验中视野丢失较大的，共获得有效样本 50 个，其中冲厕信息组 25 人，饮用信息组 25 人。女性占 58.0%，平均年龄 28.85 岁，年龄范围在 18~45 岁。

最终得到 75 份有效问卷，25 份来自不用做眼动实验的无信息组，50 份来自两个提供再生水信息的实验组。

2. 实验设备与流程

实验收集了实验组在浏览信息时的眼动数据，使用的眼动实验设备是 Tobii 公司的眼动仪，通过被试面前的电脑屏幕呈现信息页面，显示器分辨率为 1 024×768 像素，屏幕与眼球距离大约为 60 厘米。眼动仪自动记录被试在浏览信息时的眼动数据，与眼动仪配套的 Tobii Pro Lab 软件会对眼动数据进行提取和分析。

眼动实验开始前，每名被试均须签署眼动实验知情同意书。随后调节眼动仪对被试进行眼球校准，并告知被试“浏览信息没有时间限制，点击鼠标可自行翻页，看完信息后会做一个简单的问卷调查”。在预实验中，并未提及之后会进行问卷调查，被试在浏览信息时普遍速度过快，难以收集到有效的眼动数据，因此在正式实验中提前告知被试之后会做问卷调查。

3. 实验材料

在眼球追踪实验中，设计了一个 5 页的在线信息小册子（一页包含两种类型的信息）来展示再生水的信息。为了进行比较，冲厕组和饮用组的信息页面布局相似，字数也相近。两个实验组相同的信息包括再生水的介绍、用途、环境信息和水价。此外，两组参与者也收到了不同的信息，包括用于冲厕或饮用的介绍、再生水生产过程、潜在风险和水质。为确保两个实验组的内容差异不影响浏览时间，在眼球追踪实验的预测试中，参与者被随机地给予两种不同版本的信息，而不说明再生水的用途，两组注视时间无显著差异。每部分的信息简要概括如下。

（1）简介：简要介绍再生水的概念。

（2）目的：简要介绍再生水的重要用途。

（3）冲厕/饮用介绍：向冲厕组简要介绍再生水用于冲厕的使用情况，向饮用组简要介绍再生水用于饮用的使用情况。

（4）生产流程信息：简要介绍再生水的生产工艺。

（5）环境信息：简要介绍再生水的环保价值和环境现状。

（6）潜在风险：简要介绍再生水的潜在风险。

（7）水质：简要介绍不同用途再生水的水质标准。

（8）水价：简要介绍不同用途再生水的成本和价格。

实验主要通过比较参与者在饮用和冲厕两种不同用途上对生产流程信息和环境信息的注视时间差异，来评估被试对生产流程信息和环境信息注意程度的差异。注视持续时间越长，该区域对个体越有吸引力，或者个体难以理解所展示的信息。考虑到较长的固定时间可能是因为信息更难以理解，而不是因为它更有趣，在此实验中，信息通过清晰简洁的语言和插图进行了提炼和表达。信息页面如图 12.1 所示。网页上面提供生产流程信息，AOI 标示为 AOI001；下面提供环境信息，AOI 标示为 AOI002。AOI 的视角小于 30 度。冲厕组和饮用组的信息分别如图 12.1（a）和图 12.1（b）所示。

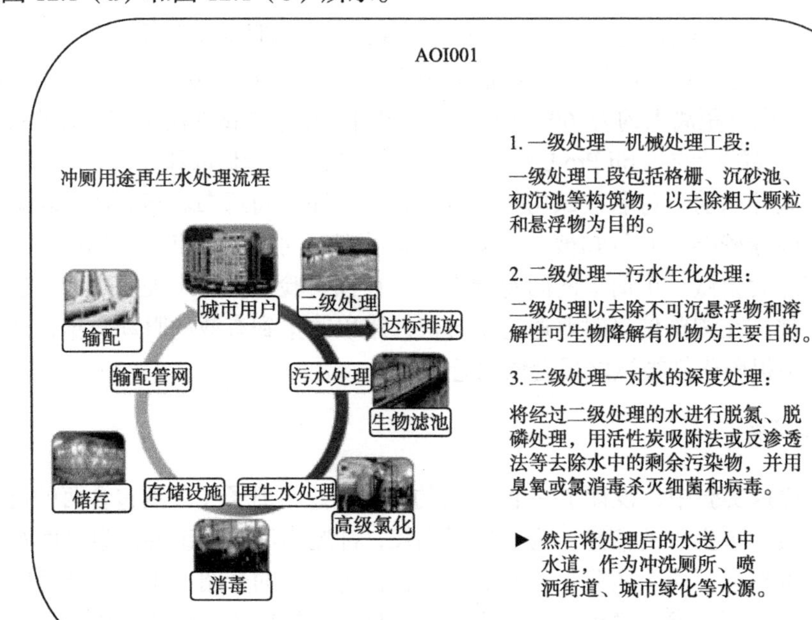

AOI002

为什么要使用再生水？

淡水资源的分布极不均衡，导致一些国家和地区严重缺水

随着城市人口的增加和城市化进程的加快，城市水供给数量日益不足

天然水资源被工业废水、农业废水及生活污水所污染

（a）冲厕组

AOI001

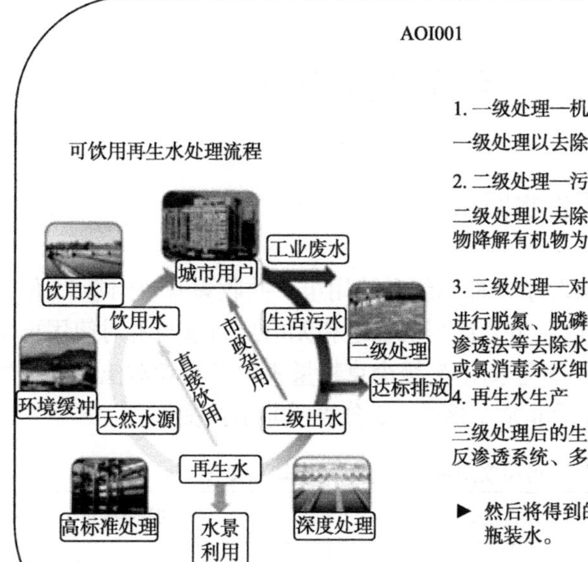

1. 一级处理—机械处理工段：

一级处理以去除粗大颗粒和悬浮物为目的。

2. 二级处理—污水生化处理：

二级处理以去除不可沉悬浮物和溶解性可生物降解有机物为主要目的。

3. 三级处理—对水的深度处理：

进行脱氮、脱磷处理，用活性炭吸附法或反渗透法等去除水中的剩余污染物，并用臭氧或氯消毒杀灭细菌和病毒。

4. 再生水生产

三级处理后的生活污水采用反渗透系统、非反渗透系统、多层屏障系统等技术生产再生水。

► 然后将得到的再生水送入饮用水厂生产成瓶装水。

AOI002

为什么要使用再生水？

淡水资源的分布极不均衡，导致一些国家和地区严重缺水

随着城市人口的增加和城市化进程的加快，城市水供给数量日益不足

天然水资源被工业废水、农业废水及生活污水所污染

（b）饮用组

图 12.1　冲厕组与饮用组的信息页面

12.2　结果及分析

12.2.1　提供信息对再生水回用行为的影响

从无信息组和两个眼动实验组（冲厕组和饮用组）共收集有效问卷75份，每组25份。表12.1显示了冲厕信息组、饮用信息组和无信息组参与者对使用再生水冲厕和饮用的平均接受程度，研究采用 5 级李克特量表由参与者对他们的再生水接受度进行自我打分，1分表示非常不接受，5分表示非常接受。

表 12.1　对冲厕和饮用用途再生水的平均接受度

组别	冲厕用途接受度		饮用用途接受度	
	平均值（M）	标准差（SD）	平均值（M）	标准差（SD）
无信息组（N=25）	4.56	0.65	1.92	0.99
冲厕信息组（N=25）	4.16	0.80	2.04	0.61
饮用信息组（N=25）	4.52	0.65	2.48	0.71

我们进行了曼-惠特尼秩和检验，以确定收到信息的人和没有收到信息的人对再生水的接受程度是否存在差异。结果显示，浏览过冲厕信息的人对再生水冲厕的接受程度低于未接收信息的人，但差异无统计学意义（$P=0.052>0.05$）。浏览过饮用信息的人与未浏览饮用信息的人对再生水冲厕的接受程度没有显著差异（$P=0.795>0.05$）。对于再生水用于饮用，浏览饮用信息的人比未浏览饮用信息的人接受程度更高，在 0.01 水平上差异显著（$P=0.006<0.01$）。浏览过有关冲厕信息的人和未浏览冲厕信息的人对再生水用于饮用的接受程度没有显著差异（$P=0.230>0.05$）。换句话说，随着再生水用于饮用的信息的增加，人们对再生水的接受度显著提高。相比之下，人们对使用再生水冲厕的接受程度随冲厕信息的增加而下降，但并不显著。H12.1 只是在饮用用途上部分得到了证实，即提供信息显著提高了人们对于再生水用于饮用的接受度。

从问卷调查结果可以看出，提供再生水信息可以有效提高人们对饮用再生水的接受度。相关信息提高了人们对可饮用再生水的认识，进而提高了人们对可饮用再生水的接受度。这可以用图式一致性理论来解释，即浏览再生水的信息与人们对再生水的现有图式不一致。获得更多的认知处理可以抵消适度的图式不一致，人们将新获得的信息与他们现有的图式相匹配以解决这种不一致，作为解决不一致性的回报，人们对再生水产生了更积极的评价。此实验证实了化解新信息与已有认知之间的不一致性，可以使饮用再生水获得更积极的评价。眼球追踪实验结果进一步证实了饮用组比冲厕组的参与者更关注信息的这一解释。

12.2.2　不同回用用途下的再生水信息关注情况分析

1. 注视时间分析

注视时间柱状图具体描述了在整个浏览过程中，参与者在不同兴趣区上的相对注视时间。图 12.2 为冲厕和饮用两组被试对不同类型信息的注视时间，图中不同的颜色灰度表示不同的信息类型。浅色区域表示对生产流程信息的相对注视时间（AOI001），深色区域表示对环境信息的相对注视时间（AOI002）。图 12.2（a）为冲厕组的注视时间，图 12.2（b）为饮用组的注视时间。横轴表示注视时间（秒），每柱宽度表示 1 秒。纵轴表示眼球在兴趣区上移动停留的次数，即 1 秒内两类信息所占注视时间百分比。在图 12.2（a）中，浅色区域略大于深色区域，说明冲厕组参与者注视生产流程信息的时间略长于注视环境信息的时间。在图 12.2（b）中，浅色区域的面积比深色区域的面积大得多，说明饮用组的参与者对生产流程信息的重视程度远高于环境信息，以上结果支持 H12.2。无论是冲厕组还是饮用组，参与者对生产流程信息的关注程度都高于环境信息，饮用组对再生水生产流程信息的关注度高于冲厕组。

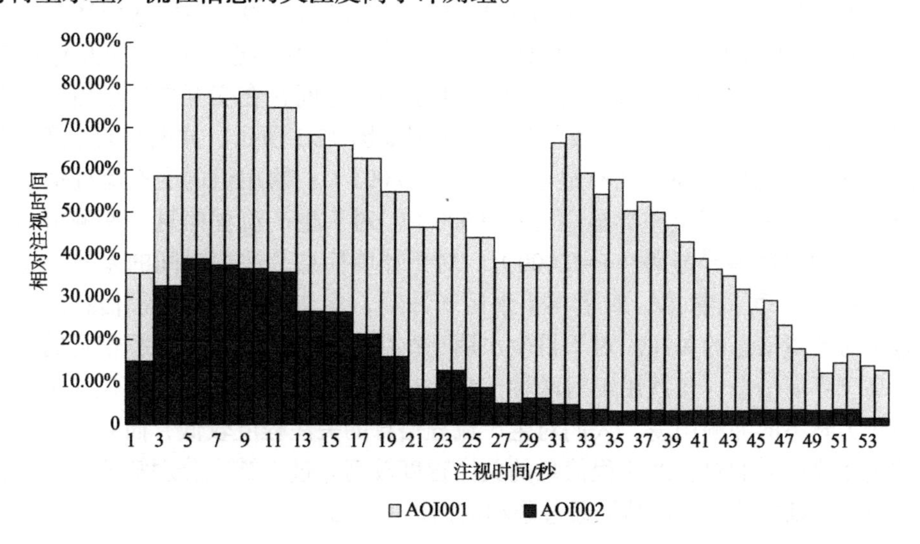

（a）冲厕组

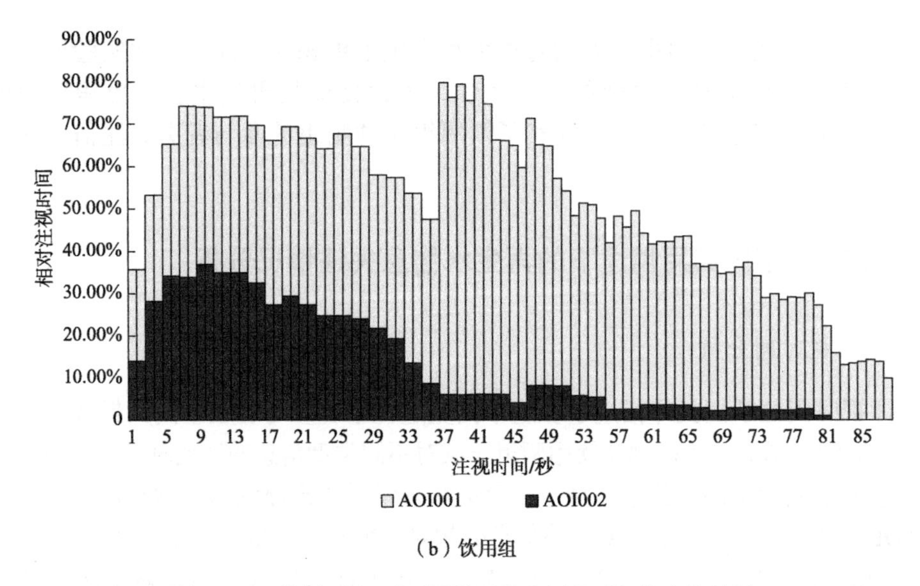

（b）饮用组

图 12.2 不同实验组对不同类型信息固定时间的比较结果

2. 数据分析

对冲厕组和饮用组各 25 份样本的注视时间进行双因素方差分析（ANOVA），以检验不同信息类型的注视时间是否存在显著差异。数据来自眼球追踪实验收集的参与者注视时间。由表 12.2 可知，信息类型（$P<0.001$，Partial $\eta^2=0.462$）和再生水用途（$P<0.001$，Partial $\eta^2=0.252$）的主效应表明，信息类型和再生水用途对人的注视持续时间有显著影响。信息类型与再生水用途交互项（$P<0.001$，Partial $\eta^2=0.154$）表明信息类型与再生水用途之间的交互作用在 0.001 水平上达到显著，即信息类型与再生水用途之间存在交互作用。由于交互效应显著，项目组进行了简单效应分析，结果如图 12.3 所示。冲厕组的生产流程信息和环境信息的注视时间有显著差异（$P=0.001$）；饮用组的生产流程信息和环境信息在注视时间上差异显著（$P=0.000$）。对于生产流程信息，冲厕组与饮用组的注视时间差异显著（$P=0.000$）。对于环境信息，注视时间的差异不显著（$P=0.289$）。可以看出，对于再生水用于冲厕，参与者对生产流程信息的关注略多于对环境信息的关注。对于再生水用于饮用，参与者对生产流程信息的关注程度高于环境信息，且饮用组对两种信息的注视时长均大于冲厕组。也就是说，对于较为熟悉的冲厕用途，人们对生产流程信息的关注程度较低，而对于不熟悉的饮用用途，人们对生产流程信息的关注程度较高。过去被充分理解的环境信息一般很少受到关注。上述结果通过眼动数据进一步证实了 H12.2。

表 12.2　饮用组和冲厕组参与者平均注视时间的双因素方差分析测试结果

变量	Ⅲ类平方和	自由度	均方	F	P	Partial η^2
修正模型	11 152.335	3	3 717.445	44.089	0.000	0.579
截距	31 159.310	1	31 159.310	369.548	0.000	0.794
信息类型	6 950.557	1	6 950.557	82.433	0.000	0.462
再生水用途	2 728.600	1	2 728.600	32.361	0.000	0.252
信息类型 × 再生水用途	1 473.178	1	1 473.178	17.472	0.000	0.154
误差	8 094.475	96	84.317			
总计	50 406.120	100				
修正后总计	19 246.810	99				

注：R^2=0.579（调整后 R^2=0.566）

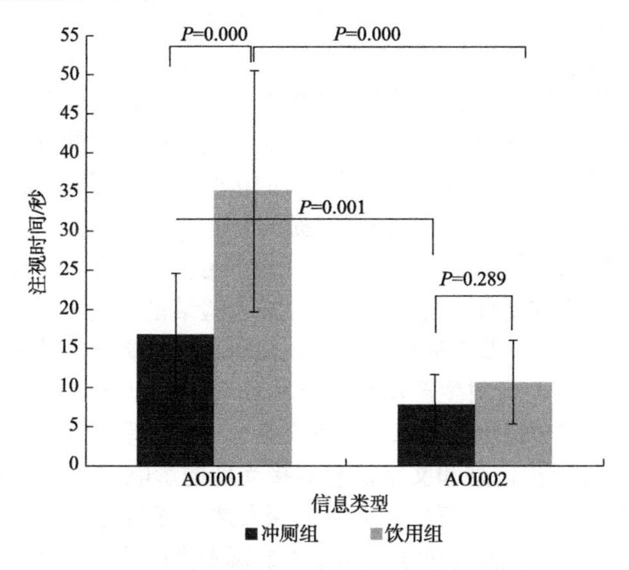

图 12.3　信息类型与再生水用途的交互效应

实验使用眼球追踪技术来探索人们在面对不同用途再生水时更关注哪些信息类型。饮用组对生产流程信息的关注程度明显高于冲厕组。在环境信息方面，饮用组参与者的关注程度与冲厕组参与者相似。人们更关注用于饮用的再生水的生产流程信息，这可能是因为用于饮用的再生水的生产流程信息与个体现有的图式不一致。因此，需要更长的时间来处理这类信息。人们更熟悉用于冲厕的再生水信息，这与他们现有的图式一致，所以他们浏览信息时花的时间更少。另外，再生水的环境意义已经为居民所熟知，所以人们没有更多地关注环境信息。我们提供的信息与现有的图式一致，使两个实验组的参与者都有一种熟悉感。因此，参与者处理环境信息时花的时间更少。虽然一致性信息可能会导致轻微的正面评价，但它不会导致更强烈的刺激，因此环境信息对个体的认知和对再生水接受度的提高没有显著影响。冲厕组对生产流程信息的处理速度比饮用组快，因为这些信息与他们已有的图式一致。一致性带来了温和的正面评价，从而使得人们对冲厕用途再生水的接受度的上升幅度不及饮用用途再生水。

然而，令人惊讶的是，收到冲厕信息的人使用再生水冲厕的可能性低于收到饮用信息和没有收到任何信息的人。一种可能的解释是，已经适应了再生水冲厕技术的人，或非常不适应的人，不太可能受到这些信息更多的积极影响。在这项研究中，浏览信息的人可能受到了负面影响，因为他们对再生水技术、水污染物和安全了解更多。与只掌握冲厕用再生水一般或基本信息的被试相比，了解再生水生产过程的被试对冲厕用再生水的风险认知更强。此外，持矛盾态度的人对再生水的认知更复杂，更容易受到有关再生水信息的负面影响。因此，提供信息降低了参与者对再生水冲厕的接受程度，但统计学上不显著。

为了提高居民对再生水的接受程度，有必要提供有针对性的信息。对于不熟悉的用途，如饮用，提供过去人们不知道的再生水信息，可以有效提高人们对再生水的正面评价，从而提高居民的接受度。至于更普遍使用的再生水，如冲厕用水，提供更多资料并不会增加市民对再生水的接受程度。因此政府和再生水企业应该选择合适的信息类型，而不是向居民提供大量的信息。

由于人力和时间的限制，实验还存在一些不足。实验样本均为在校大学生和教师，年龄和受教育程度有一定的局限性，故实验结论的适用性可能有限。在未来的研究中，还需要进一步扩展样本类型，使研究结论更加普及化。由于篇幅限制，实验没有讨论参与者对生产流程信息和环境信息以外的信息的关注度。此外，我们在这项研究中提供的信息是以图文结合的形式呈现在电脑屏幕上的。未来的研究可以探讨图片信息和文字信息对接受度的影响差异。未来的研究还可以考虑提供视频信息或互动信息，从而更深入地了解信息提供对居民再生水接受度的影响，并且眼动跟踪实验也适用于人们观看视频或与信息交互时的眼动数据采集。

第 13 章　再生水知识普及组合驱动策略对再生水回用行为的促进作用

从再生水回用行为解释结构模型可以得出示范引导型政策（demonstration guiding policy，DGP）、知识普及型政策（knowledge popularization policy，KPP）和环保动机激发型政策（environmental motivation stimulating policy，EMP）都是影响居民再生水回用行为的重要因素之一。为此，项目组以此为基点，通过人工神经网络模型模拟组合驱动策略对再生水回用行为的促进效果。

13.1　研究假设

为更详尽地研究不同行为驱动政策的作用效果，实验选取较为常见的 9 种用途，按照人类使用再生水的接触程度将再生水回用行为划分为四类，如表 13.1 所示。

表 13.1　再生水回用行为分类

接触程度	分类	再生水回用行为				
最高	RWB_4	饮用				
高	RWB_3	泳池补水				
低	RWB_2	盥洗	浇灌			
		衣物	农作物			
最低	RWB_1	洗车	冲厕	道路冲洒	园林灌溉	公园水景

在此基础上，实验选取 DGP、KPP、EMP 作为研究对象。由此提出以下假设。

H13.1：DGP 对于各种再生水回用行为均具有最好的引导效果。早在 1974 年

Baumann 等的研究中就指出，提高居民对于再生水接受意愿最有效的办法，就是在一处吸引人的设施中使用再生水，并邀请居民参观它，闻它，围绕着它野营、钓鱼甚至在水里游泳[112]。也就是说，DGP 其实就是给大家营造再生水回用的环境，提高再生水回用设施的普及程度，让大家有机会接触再生水，从而影响人们的回用行为。因此，为验证 DGP 是否具有良好的引导效果，提出 H13.1。

H13.2：KPP 的作用效果会随着再生水回用行为人体接触程度的降低而提高。由于对再生水回用缺乏了解，人们容易陷入对再生水消极、错误的认知，甚至先入为主地认为使用再生水是不安全的。因此，提高居民对于再生水回用知识的了解程度，使居民正确认识再生水，会对低接触程度的再生水回用行为起到良好的促进作用。但是，居民对再生水回用知识了解的增加会抑制人们的高接触程度的再生水回用行为。故此提出 H13.2。

H13.3：EMP 的作用效果会随着再生水回用行为人体接触程度的升高而提高。由于再生水回用所具备的环保行为属性，居民在进行再生水回用行为决策时，并不完全出于自身利益的权衡，在一定程度上还受保护环境、造福社会的利他动机驱使。因此，通过有效地激发居民保护环境的动机，无疑对提高居民对于再生水回用的接受程度具有重要意义，而对居民使用顾虑最大的高人体接触程度的再生水回用行为，这一影响效果有可能会更为明显。故此提出 H13.3。

13.2 研究步骤

研究步骤如图 13.1 所示。

第一步：首先对中国西北干旱地区 6 个典型城市进行“再生水回用行为引导政策作用效果”的问卷调研，收集“不同再生水回用行为引导政策的感知情况”、“不同接触程度的再生水回用行为接受情况”及“关联型自我构建”等个体数据。

第二步：利用所收集的数据进一步构建并训练人工神经网络，在网络结构上选择反向传播神经网络（back propagation neural network，BPNN），构建个体受外界（引导政策）影响而进行不同行为决策的 BPNN 模型。

第三步：利用 Netlogo 6.1.0 构建 ABM（agent-based modeling，基于主体建模），以 DGP、KPP、EMP 为每一个 Agent 的基本属性，并作为输入数据进入 BPNN，以BPNN的输出结果作为每个Agent的决策结果。以关联型自我构建建立交互准则，最终收集数据并观察结果。

第一步：问卷调研

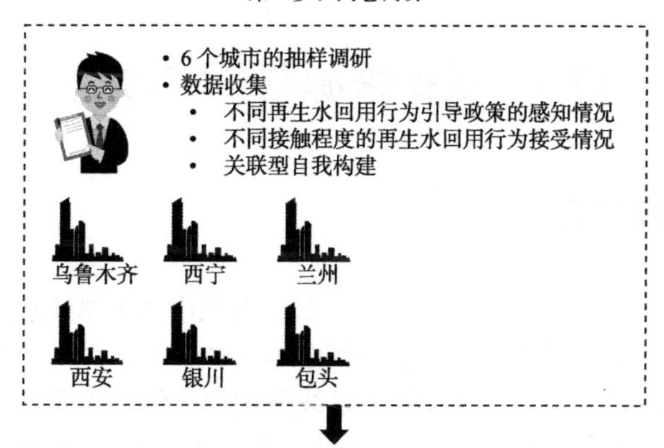

第二步：构建个体行为决策的BPNN模型

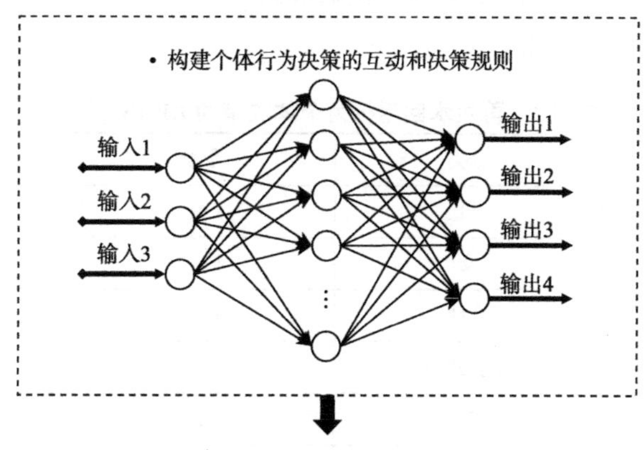

第三步：基于ABM的个体行为决策仿真

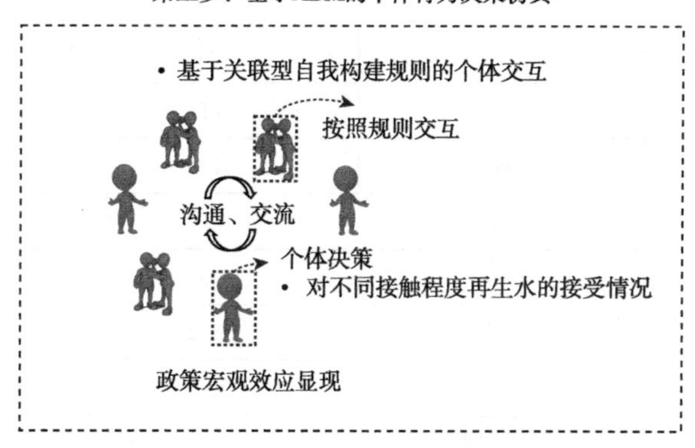

图 13.1　研究步骤

13.3 数据来源与研究方法

13.3.1 数据来源

实验时间为 2019 年 1 月 1 日~4 月 30 日，选取中国干旱缺水的新疆、青海、内蒙古、甘肃、宁夏、陕西 6 个省区中的典型城市乌鲁木齐、西宁、包头、兰州、银川及西安为调研地点。采用线上及线下相结合的方式发放问卷，剔除无效问卷，每个城市 400 份有效问卷，获满为止，获取了 2 400 份有效问卷，样本情况见表 13.2。被调查对象的性别比例、年龄分布、民族构成等都与西北地区情况较类似，符合随机抽样的特征。

表 13.2 再生水回用行为个体决策的 BPNN 模型

类别	分类	数量	占比
性别	男	1 213	50.5%
	女	1 187	49.5%
	合计	2 400	100%
年龄	18 岁以下	598	24.9%
	18~25 岁	359	15.0%
	26~30 岁	450	18.8%
	31~40 岁	528	22.0%
	41~50 岁	268	11.2%
	51~60 岁	124	5.2%
	60 岁以上	73	3.0%
	合计	2 400	100%
民族	汉族	1 872	78.0%
	回族	256	10.7%
	维吾尔族	190	7.9%
	藏族	23	1.0%
	蒙古族	14	0.6%
	其他	45	1.9%

续表

类别	分类	数量	占比
民族	合计	2 400	100%
学历	小学及以下	9	0.4%
	初中	277	11.5%
	高中（中专、技校）	1 219	50.8%
	大学本科（大专）	694	28.9%
	硕士及以上	201	8.4%
	合计	2 400	100%

注：由于四舍五入，表中数据相加不等于 100%

13.3.2　研究方法

1. 问卷设计与检验

本次调研所采用的问卷分为 4 个部分。第一部分，包含参与者的社会人口学指标，包括性别、年龄、民族、学历等。第二部分，包含参与者对于不同再生水回用用途的接受程度等，共 4 个问题以测度居民对 4 种不同接触程度的再生水回用用途的接受程度。第三部分，根据不同政策的作用原理，分别选取再生水回用设施普及程度、居民对再生水回用知识的了解程度，以及对保护水环境的动机作为 DGP、KPP 及 EMP 的作用效果测量指标。第四部分，将衡量个体与群体之间相互影响关系的关联型自我构建指标的强度作为制定小世界网络中 Agents 之间交互准则的依据，并对关联型自我构建指标进行测量。

2. 个体行为决策的人工神经网络实现

在模拟个体决策的过程中，我们面临这样的难题，即个体决策行为难以进行量化表达。通过问卷调研结果进行相关性检验，不同引导政策与不同接触程度的再生水回用行为具有较强相关性，即引导政策对个体作用强度的改变，也会引起个体回用行为的改变，但是目前改变的程度并没有明确的数学表达。因此，我们利用调研问卷所获得的数据构建 BPNN，通过 BPNN 对数据进行模式匹配，建立一个受政策驱动的个体再生水回用行为决策的人工神经网络模型，由此来解决每一个个体决策行为的量化问题。BPNN 的网络结构见图 13.2。BPNN 模型的输入和输出设置情况见表 13.3。

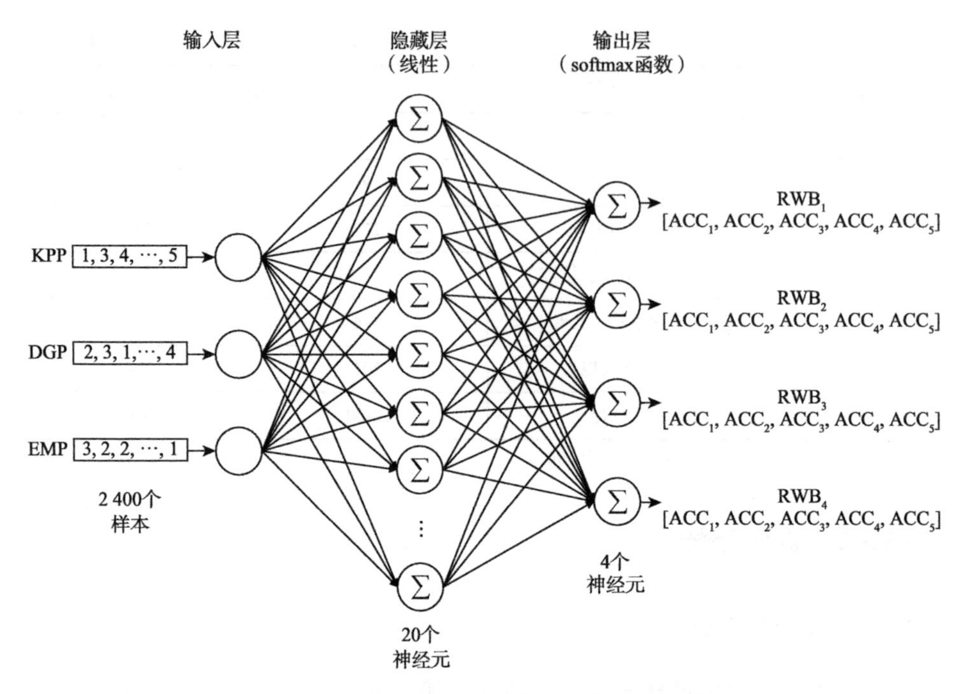

图 13.2 再生水回用行为个体决策的 BPNN 模型

表 13.3 BPNN 模型的输入和输出设置情况

符号	类型	数值范围	解释
KPP	输入	[1，5]	取自问卷“知识普及型政策”
DGP	输入	[1，5]	取自问卷“示范引导型政策”
EMP	输入	[1，5]	取自问卷“环保动机激发型政策”
RWB_1	输出	[1，5]	1 代表不接受；2 代表略微不接受；3 代表中立；4 代表略微接受；5 代表接受
RWB_2	输出	[1，5]	
RWB_3	输出	[1，5]	
RWB_4	输出	[1，5]	

由于线性回归的标签 y 和模型输出都为连续的实数值，因此在模型中，损失函数选择平方损失函数（quadratic loss function）ζ 来衡量真实标签和预测标签之间的差异。

$$\zeta\left(y,f\left(x,\theta\right)\right)=\frac{\left(y-f\left(x,\theta\right)\right)^2}{2} \tag{13.1}$$

其中，$f\left(x,\theta\right)$ 为假设空间中的模型结果，是预测值；θ 为一组可学习参数（包含权重和偏置）；x 为输入；y 为对应输入的真实结果。

模型选择经验风险最小化准则进行训练，训练集 D 上的经验风险定义为

$$R(w)=\frac{1}{2}\sum_{n=1}^{N}\left(y^{(n)}-f\left(x^{(n)},\theta\right)\right)^{2} \quad (13.2)$$

其中，N 为样本数量；$y^{(n)}$ 为真实值；$f\left(x^{(n)},\theta\right)$ 为预测值。

评价指标选取准确率进行观测：

$$\int \mathrm{ACC}=\frac{1}{N}\sum_{n=1}^{N}I\left(y^{(n)}\right)=\left(\hat{y}^{(n)}\right) \quad (13.3)$$

其中，N 为样本数量；I 为指示函数；$y^{(n)}$ 为真实值；$\hat{y}^{(n)}$ 为预测值。

通过对不同学习率（learning rate）下损失函数收敛情况的比较，选择了性能相对较好的 0.1 为学习率的默认设置。将调研收集的数据整理并制作数据集，采用留出法（hold-out）随机划分 80%为训练集 D，另 20%为测试集 T。经过训练，BPNN 模型的损失函数及预测准确率见图 13.3，准确率基本在 70%左右。测试集的结果稍好于训练集，没有出现过拟合（over-fitting）的现象。对于调研数据来说，预测结果基本可以接受。

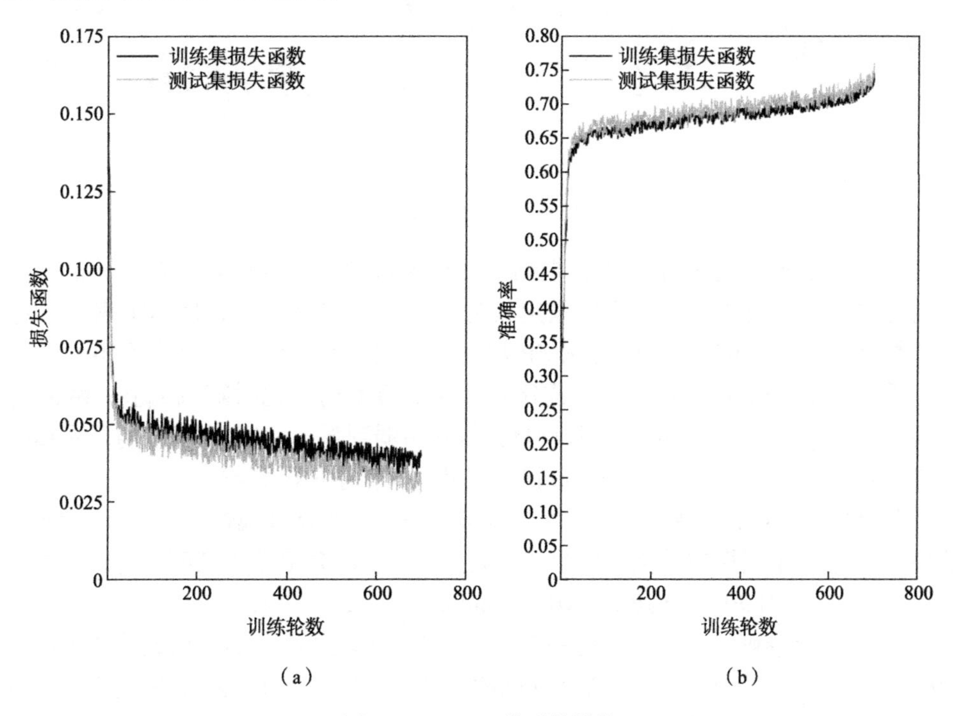

图 13.3　BPNN 模型的性能

3. ABM 模型构建

（1）实验思路。概括地说，该模型模拟了这样一个小世界：在这个世界中，每一个 Agent 即代表一个能够独立决策的个体，每个 Agent 对再生水的使用决策受到两种因素影响。首先，不同引导政策会对 Agent 的决策直接产生影响；同时，Agents 之间存在“关联型自我构建”效果，会相互影响。通过不断循环，在不同的影响环境下，每一个 Agent 的再生水回用行为选择都在变化。在实验过程中，通过改变每一项引导政策的作用力度，每一个 Agent 都会做出自己的行为决策，最终形成稳定的输出，通过汇集每一个 Agent 的再生水回用行为决策的结果，就能够观察到不同引导政策的宏观作用效果。Agent 决策逻辑见图 13.4。

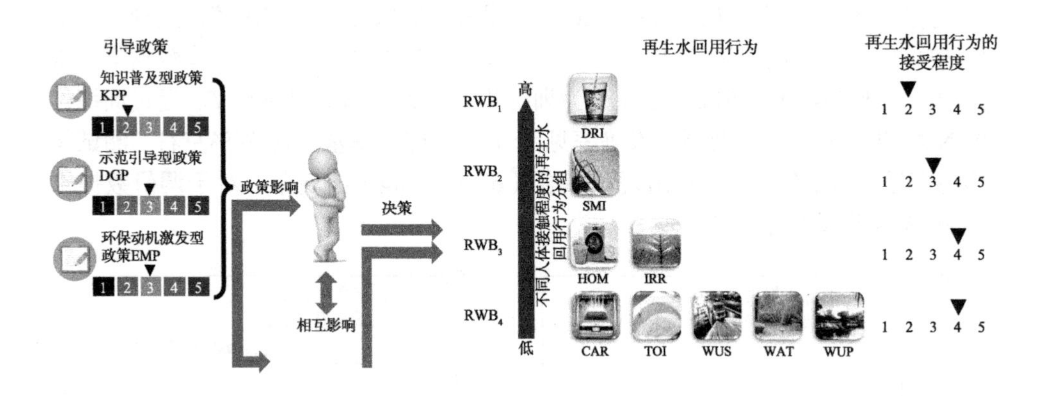

图 13.4 Agent 决策逻辑

（2）Agent 属性初始设置。根据调查结果可知，每位被调查者都具备强弱不同的关联型自我构建，此实验设定其为 Agent 的自然属性，用 SN_i 表示。对问卷数据的 SN 和 KPP、DGP、EMP 数据进行相关性检验，结果为不相关。因此，系统中 Agent 的关联型自我构建属性采取模型初始化时随机赋值，赋值范围为［1，5］，表示Agent的关联型自我构建由弱到强。“1”表示最弱，受其他主体影响的概率最小；“5”表示最强，最易受其他主体的影响。

引导政策的初始接受程度。每个 Agent 有三个决策认知属性，即 KPP_i、DGP_i 及 EMP_i。这三个属性初始化时按照调研数据中出现的频率随机赋值，公式如下：

$$\{KPP_i，DGP_i，EMP_i\}=random［1，2，3，4，5］ \quad (13.4)$$

（3）交互准则。模拟世界是一个由 101×101 地块（patches）组成的“城镇”网格，Agents 数量为 1 089。交互准则的设计依据如下：①Agent 是模拟城市居民，因此每一个 Agent 都能够进行移动并进行交互；②根据城市居民日常生活情况，大部分 Agent 都在一定范围内活动。

每一个 Agent 通过社会网络的交流和沟通完成交互，设置所有的 Agent 位于一个正方形的社会网格上，视野参数（slight limit，SL）为 1，每个网格的邻域边长为 3，位于中心的 Agent 只受到邻域边长 3 以内的其他 Agent 的影响。见图 13.5（b），每一个虚线框即 Agent 的视野，每一个 Agent 在如图 13.5（a）所示的黑色框中活动，只有当其他 Agent 处于自己的视野内时，双方才能够进行交互，即图 13.5（b）中，$Agent_1$ 不能和其他任何 Agent 交互，$Agent_2$ 能够和 $Agent_3$ 交互，$Agent_3$ 能够和 $Agent_2$、$Agent_4$ 交互，$Agent_4$ 能够和 $Agent_3$ 交互。

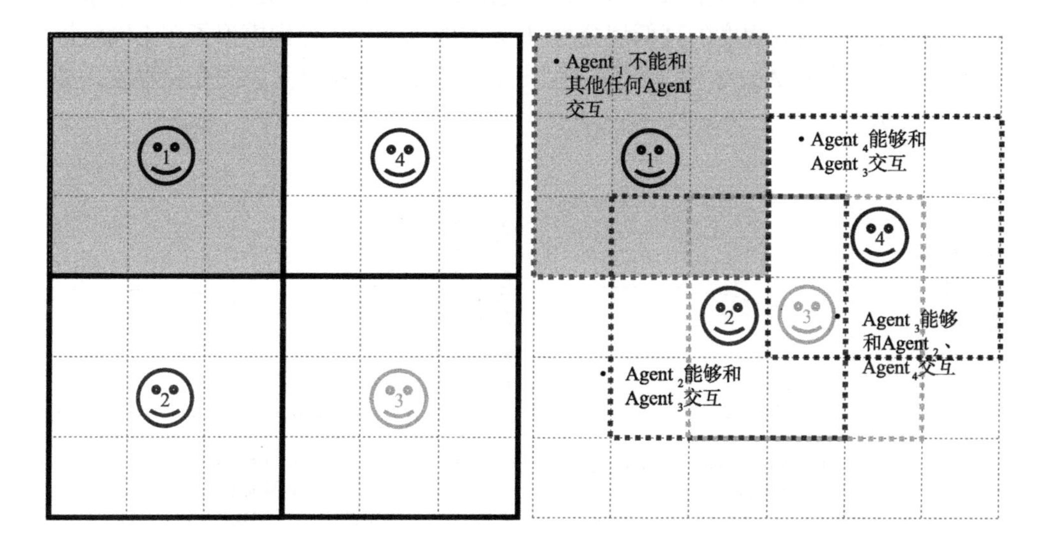

（a）Agent 活动范围及视野示意图　　（b）Agent 交互准则示意图

图 13.5　Agent 交互准则

每个 Agent 对其他 Agent 的影响程度由自己以及对方的关联型自我构建强度决定。在图 13.5 的交互过程中，每个 Agent 将自己的关联型自我构建值与周边 Agent 比较，如果对方的数值强于自己，则该 Agent 会根据差值决定自己的再生水回用行为调整概率值，差值越大则调整概率越大。交互影响的公式如下：

$$RWB_i=RWB_i+(RWB_j-RWB_i)\times(SN_j-SN_i)/4,\ SN_j>SN_i \tag{13.5}$$

$$RWB_j=RWB_j+(RWB_i-RWB_j)\times(SN_i-SN_j+5)/4,\ SN_j>SN_i \tag{13.6}$$

其中，RWB_i 为当前 Agent 的再生水回用行为；RWB_j 为当前 Agent 视野内可交互 Agent 的再生水回用行为；SN_i 为当前 Agent 的关联型自我构建；SN_j 为当前 Agent 视野内可交互 Agent 的关联型自我构建。

13.4　结果及分析

13.4.1　不同类型再生水回用行为的适配引导政策

为了确定不同类型再生水回用行为的适配引导政策，实验在将 9 种再生水回用行为依照人体接触程度的高低划分为 4 大类的基础上，分别模拟了在不同政策干预强度下，各个 Agent 对于不同类型再生水回用行为接受意愿的变化程度，如图 13.6 所示。

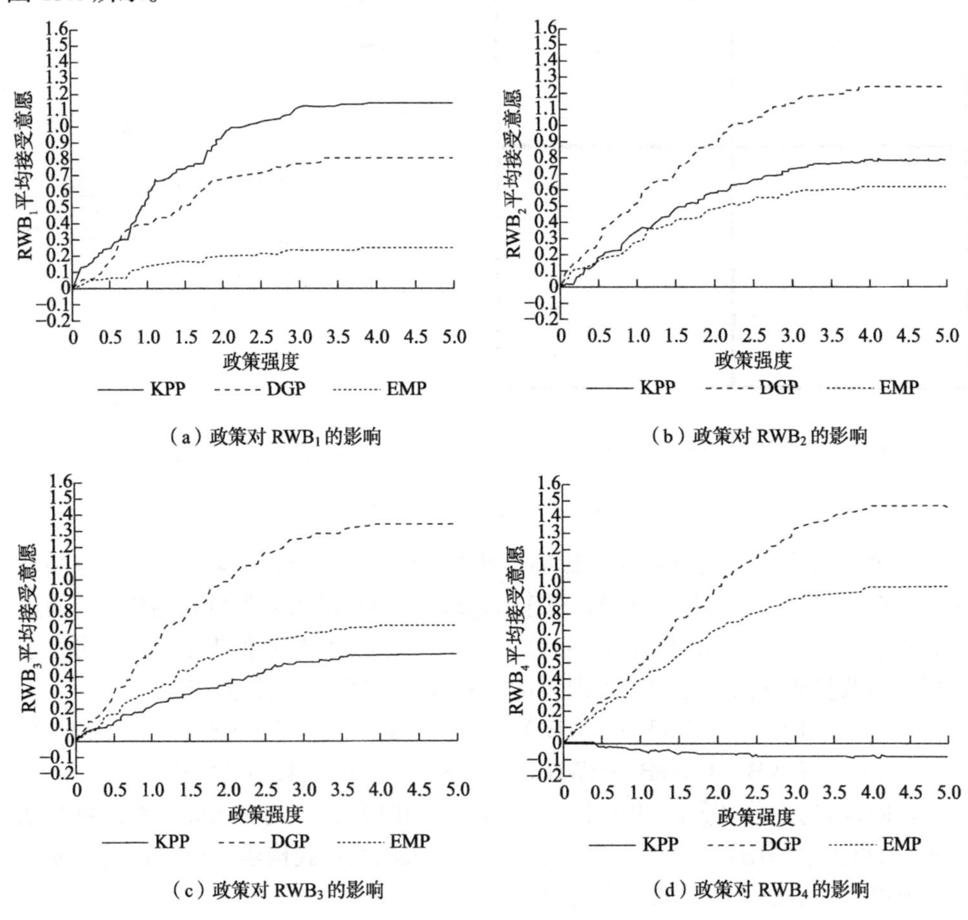

（a）政策对 RWB_1 的影响　　（b）政策对 RWB_2 的影响

（c）政策对 RWB_3 的影响　　（d）政策对 RWB_4 的影响

图 13.6　不同引导政策作用效果对比图

DGP 对除 RWB_1 外的其他三类再生水回用行为的作用效果均最强。如图 13.6（b）~图 13.6（d）所示，DGP 改变造成 Agent 对于 RWB_2、RWB_3 和 RWB_4 的接受意愿均值变化量均高于其余两种政策（KPP、EMP）类型，这一结论与 H13.1 相一致。

然而，对于接触程度最低的再生水回用行为 RWB_1，DGP 的作用效果却弱于 KPP，与 H13.1 不符。可能是由于 KPP 对于 RWB_1 的作用效果本身较强；也可能是因为 RWB_1 所对应的几种再生水回用用途为当前应用最为广泛的用途，居民接触较多，在一定程度上造成对该类用途的心理脱敏，并进一步导致以营造再生水回用氛围来实现引导效果的作用效果的弱化。

对于 RWB_3 和 RWB_4 所对应接触程度较高的再生水回用行为，EMP 能起到较强的影响效果。在以往的众多研究当中已经证实，在决定是否接受与人体接触程度较低的再生水回用用途时，再生水价格、使用是否方便等客观因素会起到重要作用，而对于与人体高接触程度的再生水回用用途而言，对其安全性的顾虑及“恶心”则成为决定性因素。因此，对于与人体高接触程度的再生水回用，保护环境的动机对人们的接受程度影响较大。所以，EMP 对于与人体接触程度较低的再生水回用行为，作用效果最弱，如图 13.6（a）所示，而对于与人体接触程度较高的再生水回用行为起到较为良好的作用效果，如图 13.6（d）所示。

KPP 对于 RWB_1 影响效果最好，但对于 RWB_4 甚至出现负向影响。由图 13.6（a）可知，KPP 对于 RWB_1 的作用效果明显强于其他两类政策，而随着再生水回用行为与人体接触程度的提高，KPP 对于 RWB_2 的作用效果开始被 DGP 反超，但仍高于 EMP。但对于接触程度最高的 RWB_3 和 RWB_4，KPP 的作用效果为所有政策中最弱，对 RWB_4 甚至产生了负向影响效果。这也说明了应用 KPP 时要更加注意作用对象，对于一些人体接触程度较高的再生水回用用途，KPP 不但可能起不到预期效果，甚至会产生反向作用而加剧居民对于再生水回用工程的排斥。

13.4.2　人体接触程度对政策作用效果的影响

DGP 的作用效果与不同再生水回用行为的人体接触程度间没有明显联系。由图 13.7（a）可知，DGP 对于四类不同人体接触程度的再生水回用行为，除对于 RWB_1 影响效果略低外，对其余三种类型再生水回用行为的引导效果较为接近，并出现影响效果交替领先的现象。同时，通过对比可见 DGP 的总体作用效果较 EMP 及 KPP 更强。由此可见，DGP 对于各类型再生水回用行为均具有较为良好的引导效果，同时该作用效果受不同再生水回用行为的人体接触程度影响较小。

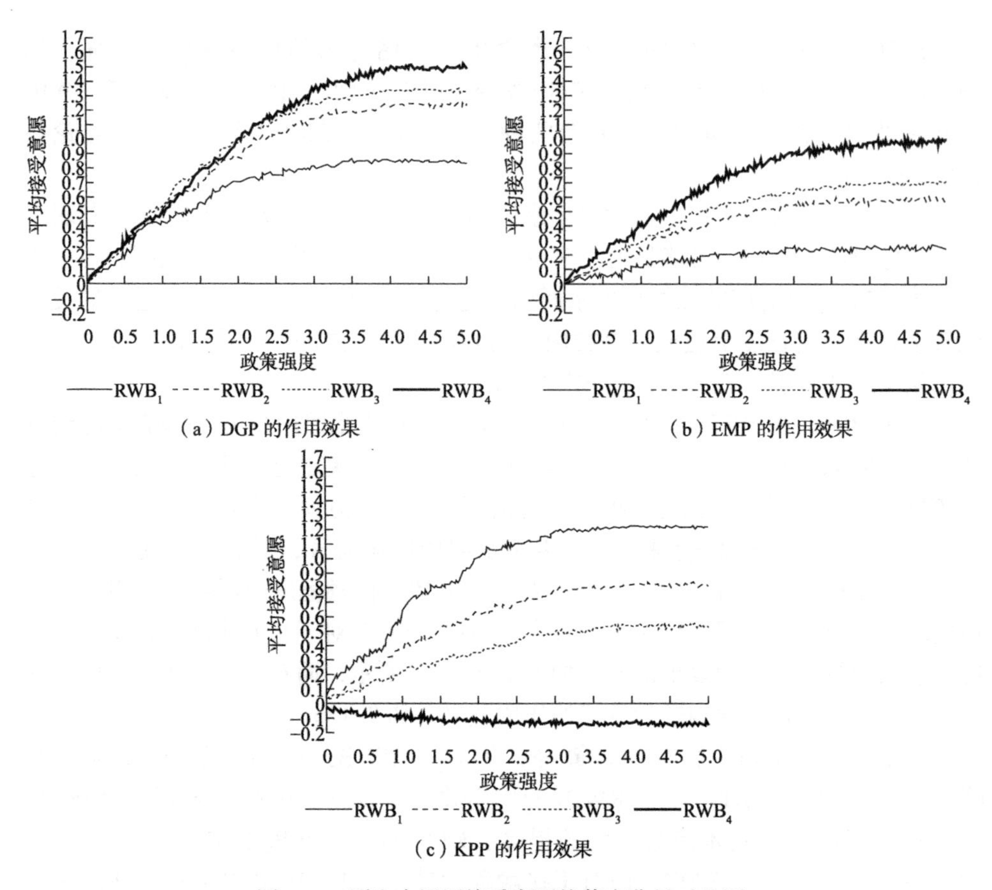

（a）DGP 的作用效果

（b）EMP 的作用效果

（c）KPP 的作用效果

图 13.7　再生水回用接受意愿均值变化量对比图

EMP 对不同再生水回用行为的作用效果随人体接触程度的提高而增强。由图 13.7（b）可以明显看出，EMP 的作用效果随再生水回用行为人体接触程度的上升而提高，这一结论与 H13.2 相符。这表明当再生水回用行为人体接触程度较高时，应当优先选择EMP作为推广政策，强调再生水回用对于环境保护的重要意义，激发居民保护环境的热情，引导居民主动参与再生水回用去减轻自身行为对自然环境所造成的不利影响。

KPP 对不同再生水回用行为的作用效果随人体接触程度的提高而减弱。由图 13.7（c）可见，KPP 对于人体接触程度最低的 RWB_1 具有最好的引导效果。同时，KPP 的作用效果随着再生水回用行为人体接触程度的提高而降低，甚至对接触程度最高的 RWB_4 产生负向作用。由此可见，当再生水回用用途的人体接触程度较低时，应优先考虑采用 KPP，提高居民对于再生水回用的了解程度，打消其对于再生水回用的疑虑，而当再生水回用人体接触程度较高时，则需谨慎采用 KPP，避免适得其反。

第 14 章　研究结论与对策建议

本章对项目研究内容和结论进行了系统归纳和总结。总体上看，本书挖掘了居民对于再生水回用的关注热点，探寻了影响居民再生水回用的影响因素，建构了再生水回用行为影响因素的解释结构模型，确定了不同影响因素与再生水回用行为之间的本质联系和相互作用机理，探索了再生水回用驱动策略的优化路径，为制定引导居民使用再生水、扩大再生水回用规模提供了科学依据和决策支撑。

14.1　主要研究结论

根据本书的主要内容，研究结论分以下三部分叙述。

1. 内容一：城市居民再生水回用行为的影响因素

再生水回用影响因素主要包括需求侧、供给侧、外部环境因素。从城市居民再生水回用行为受到影响的各方面着手，通过开放式访谈，并采用扎根理论进行分析，构建了再生水回用行为影响因素的理论模型。研究表明：潜在用户属性、心理意识、行为能力是居民再生水回用行为的主要需求侧影响因素；再生水回用用途、处理技术及水质等自身特点是主要的供给侧影响因素；信息公开及再生水知识普及在内的政府治理因素，再生水回用相关的社会规范，以及再生水回用设施建设情况在内的情境因素是外部环境影响因素。

2. 内容二：影响因素对再生水回用行为的作用机理及路径

（1）主观规范以行为控制和了解程度为中介对再生水回用行为起主要驱动作用。项目组从城市居民个体的视角出发，将技术准备度、主观规范、风险感知及设施建设与了解程度和行为控制进行整合，建立了再生水回用行为形成机理理论模型，并运用结构方程和人工神经网络对模型进行了两阶段实证检验。研究结果表明：主观规范和设施建设分别对了解程度和行为控制起显著促进作用，并以了解程度和行为控制为中介对再生水回用行为起主要驱动作用。另外，主观规范是指居民在决策是否接受再生水时感知到的社会压力，这启示我们营造积极回用再生水的社会氛围对引导居民接受再生水至关重要。

（2）风险感知对再生水回用行为有着显著影响。本书扩充了 TAM，从再生水技术接受过程和风险感知角度，分析了风险感知对居民的再生水回用行为的作用路径。研究发现，风险感知除了对公众情绪存在显著影响之外，还以公众情绪作为中介变量间接影响居民的再生水回用行为。以往学者研究也表明再生水与人体接触程度越高，人们对再生水的风险意识就越强烈。另外，居民对再生水的认知度普遍较低，缺乏对再生水相关知识的了解，应通过多渠道宣传再生水知识，鼓励社区积极组织开展再生水知识普及活动，引导公众对再生水的正确认知，降低居民对再生水的风险感知。管理部门应提高再生水管理的透明度，定期监测再生水水质，建立有效报告机制，从而提高公众对再生水供应质量和管理水平的信心，消除公众对再生水的疑虑。

（3）通过情绪反应可以有效预测居民的再生水回用行为，且普通民众和水处理专家对再生水的情绪反应存在显著差异。为了探索情绪反应与再生水回用行为之间的作用机理，项目组通过两组在陕西省的调查，并利用聚类分析法详细描述了关注对象、情绪反应和接受再生水之间的关系。研究结果表明，普通民众和水处理专家情绪反应存在显著差异。普通民众的联想词更多的是关于再生水本身的，如水质、环保、水费等，几乎没有情绪方面的表达；而水处理专家组提到了更多关于自身职业的联想词，如健康、安全，以及满意、担心、厌恶等情绪方面的词语。研究的结果启示我们在进行再生水宣传时，如何让人们在了解再生水的同时不增加他们的消极情绪非常重要，尽量避免居民在认识再生水的同时提高他们的风险感知。

（4）通过提高缺水信息居民了解程度，能够从居民对再生水回用的风险感知、节水意识和水环境保护意识维度提高居民再生水回用接受程度。为了更加清晰地辨明缺水信息公开对再生水回用接受行为的作用机理，本书基于“意识–情境–行为”的 SCT，运用结构方程模型，从水环境问题感知、节水意识、水环境保护意识、风险感知四个维度分析再生水信息公开对再生水回用行为的影响路径。在调研数据的基础上，建立适用于解释缺水信息公开对再生水回用行为影响的结构方程模型。通过中介效应检验可发现，缺水信息公开对风险感知与再生水回用行为的调节效应最显著。同时除水环境问题感知外，意识各维度均对再生水回用行为存在直接影响，且各维度之间存在两两交互作用。

（5）再生水知识普及能提高居民对于水务管理部门的信任程度，降低其对于再生水回用的风险感知，进而实现对居民再生水回用行为的引导作用。通过整理前人对于居民再生水回用行为影响因素的研究结论，并借鉴政府管理、风险管理领域的相关观点，本书提出了关于再生水水质信息公开对于再生水回用接受行为影响的理论模型，并在调研数据的基础上采用结构方程模型对理论模型进行验证。基于模型采取路径系数检验和中介效应检验的方式，发现提升再生水水质信息公开程度，能通过提高居民对于水务管理部门的信任程度，以及降低居民对于再生水回用的风险感知，间接正向影响居民的再生水回用行为，从而解释了再生水水质信息公开对居民再生水回用行为引导作用产生的路径。

（6）再生水回用行为解释结构模型包括四层因素，其中，主观规范、信息公开、再生水知识普及是模型中重要的影响因素。项目组通过邻接矩阵构建、可达矩阵计算和层级分解，得到再生水回用行为解释结构模型。其中，信息公开和再生水知识普及是第四层因素，也是最根本的重要因素，它们不受到其他因素的影响，是从源头上作用于居民再生水回用行为的重要自变量，通过水环境问题感知和水环境保护意识的中介因素对再生水回用行为产生影响。水环境问题感知属于第三层因素。主观规范是重要的第二层因素，通过影响居民对再生水的了解程度对再生水回用行为产生作用。第一层因素包括风险感知、节水意识和了解程度等。

3. 内容三：城市居民再生水回用行为的驱动策略及其组合

（1）社会规范能够有效促进大学生使用再生水，且人们更关注跟自身交往密切的群体的社会规范偏差。本书以西安市大学生为研究对象，采用事件相关电位技术探讨社会规范对再生水回用行为的影响，期望从社会规范的角度找到促进再生水回用行为的方法。研究结论表明：居民在社会规范建议的指导下，会倾向做出符合社会规范的行为决策。当参与者的自身选择与社会规范不一致时，会引起较大的 FRN 振幅，这反映了参与者对社会规范偏差的感知程度较高。当参与者自身选择与社会规范一致时，将引起更为显著的 P300 成分，这代表了参与者将更多的注意力资源分配到自身选择是否与社会规范一致上。最后，研究发现与同专业和同学校人员相比，同宿舍人员的再生水回用行为对于 FRN 波幅的激发效果是最明显的。这些研究结果表明，应从社会关系密切的群体开始，然后由点及面形成积极使用再生水的社会规范。向上的社会攀比心理和群体认同会相互支撑、相互叠加，形成良性循环的再生水使用的良好氛围，达到通过社会规范促进大学生使用再生水的预期目标。

（2）信息公开可以有效促进居民接受再生水回用，但是当再生水与人体接触程度较高时，居民会更关注生产流程信息而不是环境信息。本书利用眼动追踪技术探讨了信息公开在促进居民接受再生水方面的作用，并考察了人们对不同再生水用途的不同类型信息的关注程度的差异。结果显示，了解冲厕信息的人群对冲厕再生水的接受程度比不了解的人群低，但不显著。那些收到可饮用再生水信息的人明显比没有收到的人更能接受再生水作为饮用水。再生水回用用途与信息类型之间存在显著的交互作用。对于不同回用用途的再生水，人们对不同类型信息的关注程度有很大的差异。冲厕组对生产流程信息的注视时间略长于环境信息。饮用组对生产流程信息的注视持续时间明显长于对环境信息的注视时间。总的来说，信息公开有效地提高了再生水的接受度。

（3）再生水知识普及对再生水回用行为有着促进作用，但是要根据再生水回用场景灵活组合驱动策略。本书研究借鉴了心理学领域的关联型自我构建方法并率先将其作为Agent间交互准则的设计依据，引入ABM中，构建了关于再生水居民接受行为的小世界网络，以模拟实验观测政策作用的宏观效果。结果显示，示范引导型的普及策略对于各类型再生水回用行为均具有良好的引导效果。环保动机激发型的普及策略适用于高人体接触程度的再生水回用类型。当再生水回用用途的人体接触程度较高时，应强调再生水回用对于环境保护的重要意义，激发居民保护环境的热情并引导居民主动参与再生水回用去减轻自身行为对自然环境所造成的不利影响。知识普及型政策适用于低人体接触程度的再生水回用类型，且对于不同再生水回用行为的作用效果呈现随其人体接触程度的升高而减弱的规律。这启示我们，在实施知识普及型政策时，要根据再生水回用场景灵活组合驱动策略。

14.2　对 策 建 议

以项目研究结论为基础，以再生水回用用途为划分标准，为有效引导再生水回用行为提出以下有针对性的建议。

1. 建立社会规范情境

社会规范对再生水回用行为有着显著驱动作用，且实验结果表明，以大学生为先锋群体，从社会规范类型的相关结论出发提高社会公众的再生水回用意愿是可行的。

在宣传再生水回用的过程中除了提升社会公众对于再生水知识的了解程度外，还应当重视社会规范对社会公众再生水回用意愿的促进作用。另外，为了更快速地达到提升社会公众再生水回用意愿的目的，营造实际生活中使用再生水的文化氛围甚至是社会氛围是进一步提升再生水回用率的途径之一，直接使用再生水的经历可以更直接地让社会公众感受到再生水回用的优势，同时也会显著地降低他们对于再生水的风险感知。

通过环保动机激发在个体感知层面对再生水回用行为形成高道德评价，在再生水回用情境中诱发个人积极的向上社会比较心理，进而缓解他人的低再生水回用意愿对于社会公众行为选择的影响。另外，以紧密关联的群体为单位开展多形式的再生水宣传教育活动，让群体中的大学生感受到使用再生水是值得被赞扬的行为并且在生活中有更多的人正在参与使用再生水的活动，可以塑造再生水的使用氛围和社会认同感。最终形成的向上社会比较心理和群体认同将循环叠加形成良性循环的回用再生水的积极氛围，从而达到通过社会规范提升大学生再生水回用意愿的预期目标。

2. 公开环境信息

信息公开可以有效促进居民接受再生水，但居民对不同再生水用途的不同类型信息的关注程度有所差异。

政府应当积极公开当地水资源的具体信息，加强环境教育，激发居民保护水环境的动机。环保动机的产生可以被细化为人类活动对于水环境污染的责任归因，以及对水环境污染的后果意识。结合本书已经证实的环保动机激发居民再生水回用行为的引导效果，可以得出，加强环境教育能够提高居民对于人类活动造成水资源紧缺和水环境污染的责任意识和后果意识，是引导居民自发使用再生水的有效手段。

3. 示范引导型政策

示范引导型政策对于各类型再生水回用行为均具有良好的引导效果，这佐证了各地将建设再生水回用示范工程作为推广再生水回用重要手段的科学性。

政府应加强对再生水回用相关知识的普及，提高居民对于再生水回用的了解程度。在当前这个信息爆炸的时代，要让关于再生水回用的信息在对人们的认知资源争夺战中取得先机，并不是一件易事。与此同时，人们对于再生水回用存在偏见的研究结论，又告诉我们对于对再生水已形成固定认识的成年人而言，要改变其对于再生水的刻板印象亦十分困难。故本书认为，为了提高市民对于再生水回用相关知识的了解程度，应当考虑将关于再生水回用的相关知识纳入学前教育，在孩子们对于再生水回用的偏见尚未形成时，通过正确的教育，引导其对再生水回用产生科学正确的认识。

开展形式多样的关于再生水回用行为的宣传活动，在全社会营造使用再生水的氛围。相对于建设再生水回用试点工程，通过宣传手段营造再生水使用氛围无疑实施难度和成本更低。故本书认为，在宣传再生水回用时，可采取在高校开展环保创意广告大赛、创作再生水主题的动画片、邀请娱乐明星代言甚至让偶像人物公开喝再生水等人们喜闻乐见而且容易博得眼球的宣传形式，在全社会营造再生水使用的氛围，甚至让使用再生水就像开低碳环保的电动车一样让人觉得是一件非常酷的事。

4. 环保动机激发型政策

在推广高人体接触程度的再生水回用时，应采用环保动机激发型政策提高居民对再生水回用行为的绿色观念联想。随着社会环境保护意识的加强，居民在消费或用能行为上也更倾向绿色环保，而再生水处理技术属于环境友好型技术，在持续加大对再生水回用的宣传力度的基础上，充分考虑再生水回用行为具备的亲环境行为属性，让居民能明确了解到使用再生水带来的环境效益和经济效益，引导城市居民对再生水回用与环保行为建立观念联想。

5. 再生水知识普及型政策

在推广低人体接触程度的再生水回用类型时，应实施知识普及型政策。

对再生水生产使用过程和再生水质信息实行实时公开：一则实行信息公开能让市民有机会更多地了解再生水生产运营及水质信息，也能有效地降低其对于再生水回用的风险感知；二则能有效提高政府运行透明度，提高市民对于水务管理部门的信任程度。与此同时，确保信息公开的有效性，重视政策解读的及时性、宣传材料的可理解性、再生水知识普及的可靠性，规避不理解、不信任等消极情绪。

公开当前众多使用再生水作为水源项目的信息，邀请居民参观，让居民亲身体验再生水回用设施。相对于新建示范项目，公布和开放现有已建成或已开始使用再生水的项目则无疑成本更低，而这些再生水回用设施或许就悄无声息地“藏”在我们的身边，或许是路边的一个不起眼的消防栓，或许是广场上的一个小喷泉，又或许是潺潺流过的护城河水。这些设施无疑是最好的回用效果示范场所，亦是最好的再生水回用宣传教育基地。

参 考 文 献

[1] 国家统计局. 中国统计年鉴 2021[M]. 北京：中国统计出版社，2021.

[2] 金辉虎，韩健. “一带一路”建设沿线水资源安全问题及思考[J]. 环境科学与管理，2019，44（2）：76-78.

[3] 徐敏，张涛，王东，等. 中国水污染防治 40 年回顾与展望[J]. 中国环境管理，2019，11（3）：65-71.

[4] 赵钟楠，田英，张越，等. 水资源风险内涵辨析与中国水资源风险现状[J]. 人民黄河，2019，41（1）：46-50.

[5] 中华人民共和国水利部. 中国水资源公报 2018[M]. 北京：中国水利水电出版社，2019.

[6] 邓铭江. 中国西北“水三线”空间格局与水资源配置方略[J]. 地理学报，2018，73（7）：1189-1203.

[7] Wang Z，Shao O D，Westerhoff P. Wastewater discharge impact on drinking water sources along the Yangtze River（China）[J]. Science of the Total Environment，2017，599：1399-1407.

[8] 中华人民共和国生态环境部. 2019 中国生态环境状况公报[Z]，2020.

[9] 杜本峰，穆跃瑄，刘悦雅. 生态健康、健康生态与黄河流域高质量发展[J]. 中州学刊，2021，（5）：86-93.

[10] 王梦依，高波. 中国经济发展面临水危机[J]. 生态经济，2018，34（5）：10-13.

[11] 邱国玉，张晓楠. 21 世纪中国的城市化特点及其生态环境挑战[J]. 地球科学进展，2019，34（6）：640-649.

[12] 国务院. 国务院关于印发水污染防治行动计划的通知[EB/OL]. http://www.gov.cn/zhengce/content/2015-04/16/content_9613.htm，2015-04-16.

[13] 全国人民代表大会常务委员会. 中华人民共和国水污染防治法[EB/OL]. https://www.mee.gov.cn/ywgz/fgbz/fl/200802/t20080229_118802.shtml，2018-01-01.

[14] 环境保护部. 《排污许可管理办法（试行）》发布[EB/OL]. http://www.mee.gov.cn/gkml/sthjbgw/qt/201801/t20180117_429823.htm，2018-01-17.

[15] 宋晓聪，沈鹏，赵慈，等. 2021-2035 年我国水污染防治战略路径研究[J]. 环境保护，

2021，49（10）：40-44.

[16] 国务院. 排污许可管理条例[EB/OL]. http://www.gov.cn/zhengce/content/2021-01/29/content_5583525.htm，2021-01-29.

[17] Price J，Fielding K，Leviston Z. Supporters and opponents of potable recycled water：culture and cognition in the Toowoomba referendum[J]. Society & Natural Resources，2012，25（10）：980-995.

[18] 国家发展改革委，科技部，工业和信息化部，等. 关于推进污水资源化利用的指导意见[EB/OL]. https://www.ndrc.gov.cn/xwdt/tzgg/202101/t20210111_1264795_ext.html，2021-01-11.

[19] 中华人民共和国住房和城乡建设部. 2020 年城乡建设统计年鉴[EB/OL]. https://www.mohurd.gov.cn/gongkai/fdzdgknr/sjfb/tjxx/jstjnj/index.html，2021-10-12.

[20] 国家市场监督管理总局，国家标准化管理委员会. 水回用导则 再生水分级：GB/T 41018—2021[S]. 北京：中国标准出版社，2022.

[21] 中华人民共和国住房和城乡建设部，中华人民共和国国家质量监督检验检疫总局. 建筑中水设计标准：GB50336—2018[S]. 北京：中国建筑工业出版社，2018.

[22] 中华人民共和国住房和城乡建设部，中华人民共和国国家质量监督检验检疫总局. 城镇污水再生利用工程设计规范：GB50335—2016[S]. 北京：中国建筑工业出版社，2017.

[23] 中华人民共和国建设部，中华人民共和国国家发展和改革委员会. 关于印发《节水型城市申报与考核办法》和《节水型城市考核标准》的通知[EB/OL]. http://www.gov.cn/zwgk/2006-06/16/content_312746.htm，2006-06-13.

[24] Li L，Liu X，Zhang X. Public attention and sentiment of recycled water：evidence from social media text mining in China[J]. Journal of Cleaner Production，2021，303：126814.

[25] 中华人民共和国国家质量监督检验检疫总局. 城市污水再生利用分类：GB/T 18919—2002[S]. 北京：中国标准出版社，2003.

[26] Crampton A，Ragusa A. Exploring perceptions and behaviors about drinking water in Australia and New Zealand：is it risky to drink water，when and why？[J]. Hydrology，2016，3（1）：8.

[27] Mohammad S A. From acceptance snapshots to the social acceptability process：structuring knowledge on attitudes towards water reuse[J]. Frontiers in Environmental Science，2021，9：633841.

[28] Buyukkamaci N，Alkan S. Public acceptance potential for reuse applications in Turkey[J]. Resources Conservation & Recycling，2013，80（1）：32-35.

[29] Jeffrey P，Jefferson B. Public receptivity regarding "in-house" water recycling：results from a UK survey[J]. Water Science & Technology Water Supply，2003，3（3）：109-116.

[30] Chen Z，Ngo H，Guo W，et al. Analysis of social attitude to the new end use of recycled water for household laundry in Australia by the regression models[J]. Journal of Environmental Management，2013，126（14）：79-84.

[31] Velasquez D, Yanful K. Water reuse perceptions of students, faculty and staff at Western University, Canada[J]. Journal of Water Reuse & Desalination, 2015, 5（3）: 344-359.

[32] Aitken V, Bell S, Hills S, et al. Public acceptability of indirect potable water reuse in the south-east of England[J]. Water Science & Technology Water Supply, 2014, 14（5）: 875-885.

[33] Dolnicar S, Hurlimann A, Grün B. Branding water[J]. Water Research, 2014, 57（100）: 325-338.

[34] Pham N, Ngo H, Guo W, et al. Responses of community to the possible use of recycled water for washing machines: a case study in Sydney, Australia[J]. Resources Conservation & Recycling, 2011, 55（5）: 535-540.

[35] West C, Kenway S, Hassall M, et al. Why do residential recycled water schemes fail? A comprehensive review of risk factors and impact on objectives[J]. Water Research, 2016, 102: 271-281.

[36] Baghapour A M, Shoshtarian R M, Djahed B. A survey of attitudes and acceptance of wastewater reuse in Iran: Shiraz City as a case study[J]. Journal of Water Reuse & Desalination, 2017, 7（4）: 511-519.

[37] Hurlimann A, Dolnicar S. Public acceptance and perceptions of alternative water sources: a comparative study in nine locations[J]. International Journal of Water Resources Development, 2016, 32（4）: 350-673.

[38] Bruvold H. Affective response toward uses of reclaimed water[J]. Journal of Applied Psychology, 1971, 55（1）: 28-33.

[39] Miller G W. Integrated concepts in water reuse: managing global water needs[J]. Desalination, 2006, 187（1）: 65-75.

[40] Rozin P, Haddad B, Nemeroff C J, et al. Psychological aspects of the rejection of recycled water: contamination, purification and disgust[J]. Judgment & Decision Making, 2015, 10（1）: 50-63.

[41] Callaghan P, Moloney G, Blair D. Contagion in the representational field of water recycling: informing new environment practice through social representation theory[J]. Journal of Community & Applied Social Psychology, 2012, 22（1）: 20-37.

[42] Ching L. A quantitative investigation of narratives: recycled drinking water[J]. Water Policy, 2015, 17（5）: 831-847.

[43] Dolnicar S, Hurlimann A. Drinking water from alternative water sources: differences in beliefs, social norms and factors of perceived behavioural control across eight Australian locations[J]. Water Science & Technology: A Journal of the International Association on Water Pollution Research, 2009, 60（6）: 1433-1444.

[44] Garcia-Cuerva L，Berglund Z E，Binder R A. Public perceptions of water shortages，conservation behaviors，and support for water reuse in the U.S.[J]. Resources Conservation & Recycling，2016，113：106-115.

[45] Po M，Nancarrow B E，Leviston Z，et al. Predicting community behaviour in relation to wastewater reuse：what drives decisions to accept or reject? [R]. CSIRO Land and Water：Perth，2005.

[46] Marks S J，Martin B，Zadoroznyj M. Acceptance of water recycling in Australia：national baseline data[J]. Water，2006，33（2）：151-157.

[47] Bennett J，Mcnair B，Cheesman J. Community preferences for recycled water in Sydney[J]. Australasian Journal of Environmental Management，2016，23（1）：51-66.

[48] Fielding K，Dolnicar S，Schultz T. Public acceptance of recycled water[J]. International Journal of Water Resources Development，2019，35（4）：551-586.

[49] Finucane L M，Slovic P，Mertz C K，et al. Gender，race，and perceived risk：the "white male" effect[J]. Health Risk & Society，2000，2（2）：159-172.

[50] 张炜铃，陈卫平. 北京市再生水的公众认知度评估[J]. 环境科学，2012，33（12）：4133-4140.

[51] 王嘉怡，李榜晏，付汉良，等. 节水型园林建设中市民社会行为特征及影响因素研究——以西安市为例[J]. 水土保持通报，2017，37（4）：315-320.

[52] Haddad B，Rozin P，Nemeroff C，et al. The Psychology of Water Reclamation and Reuse：Survey Findings and Research Roadmap[M]. Arlington：WateReuse Foundation，2009.

[53] Gu Q，Chen Y，Pody R，et al. Public perception and acceptability toward reclaimed water in Tianjin[J]. Resources Conservation & Recycling，2015，104：291-299.

[54] Inbar Y，Pizarro D，Iyer R，et al. Disgust sensitivity，political conservatism，and voting[J]. Social Psychological & Personality Science，2012，3（5）：537-544.

[55] Bixio D，Thoeye C，Wintgens T，et al. Water reclamation and reuse：implementation and management issues[J]. Desalination，2008，218（1）：13-23.

[56] Johnson D J，Hopwood C J，Cesario J，et al. Advancing research on cognitive processes in social and personality psychology：a hierarchical drift diffusion model primer[J]. Social Psychological and Personality Science，2017，8（4）：413-423.

[57] Joseph A W，Murugesh R. Potential eye tracking metrics and indicators to measure cognitive load in human-computer interaction research[J]. Journal of Scientific Research，2020，64（1）：168-175.

[58] 陈静，黎雅丽，陆泉. 基于眼动追踪的用户感知预测模型研究[J]. 情报理论与实践，2022，45（4）：154-161，169.

[59] Fu H，Manogaran G，Wu K，et al. Intelligent decision-making of online shopping behavior

based on internet of things[J]. International Journal of Information Management，2020，50：515-525.

[60] 季璐，柯青. 基于眼动证据的在线健康社区用户信息浏览行为及影响因素研究[J]. 情报理论与实践，2021，44（2）：136-146.

[61] Rahal R M，Fiedler S. Understanding cognitive and affective mechanisms in social psychology through eye-tracking[J]. Journal of Experimental Social Psychology，2019，85：103842.

[62] Jiang T，Potters J，Funaki Y. Eye-tracking social preferences[J]. Journal of Behavioral Decision Making，2016，29（2/3）：157-168.

[63] 韩文婷，韩玺，朱庆华. 信息框架对健康行为意愿改变的作用研究——眼动实验与启示[J]. 数据分析与知识发现，2022，6（6）：11-21.

[64] 叶贵，陈俐莹，冯新怡，等. 噪声对建筑工人冒险行为的诱发机制研究[J]. 中国安全科学学报，2020，30（12）：16-23.

[65] Hou C，Wen Y，He Y，et al. Public stereotypes of recycled water end uses with different human contact：evidence from event-related potential（ERP）[J]. Resources，Conservation and Recycling，2021，168：105464.

[66] Wang L，Li L，Shen Q，et al. To run with the herd or not：electrophysiological dynamics are associated with preference change in crowdfunding[J]. Neuropsychologia，2019，134：107232.

[67] Peng X，Li Y，Wang P，et al. The ugly truth：negative gossip about celebrities and positive gossip about self entertain people in different ways[J]. Social Neuroscience，Taylor & Francis，2015，10（3）：320-336.

[68] Du X，Ren Y，Wu S，et al. The impact of advice distance on advice taking：evidence from an ERP study[J]. Neuropsychologia，2019，129：56-64.

[69] Hu M，Shealy T. Overcoming status quo bias for resilient stormwater infrastructure：empirical evidence in neurocognition and decision-making[J]. Journal of Management in Engineering，2020，36（4）：04020017.

[70] Kim B R，Liss A，Rao M，et al. Social deviance activates the brain's error-monitoring system[J]. Cognitive，Affective，& Behavioral Neuroscience，2012，12（1）：65-73.

[71] Mu Y，Kitayama S，Han S，et al. How culture gets embrained：cultural differences in event-related potentials of social norm violations[J]. Proceedings of the National Academy of Sciences，2015，112（50）：15348-15353.

[72] Shestakova A，Rieskamp J，Tugin S，et al. Electrophysiological precursors of social conformity[J]. Social Cognitive and Affective Neuroscience，2013，8（7）：756-763.

[73] Davis F D. Perceived usefulness，perceived ease of use，and user acceptance of information technology[J]. MIS Quarterly，1989，13（3）：319.

[74] McFarland D J，Hamilton D. Adding contextual specificity to the technology acceptance model[J].

Computers in Human Behavior，2006，22（3）：427-447.
[75] 李进华，王凯利. 基于TAM的微信信息流广告受众信任实证研究[J]. 现代情报，2018，38（5）：66-73.
[76] 王昶，吕夏冰，孙桥. 居民参与“互联网+回收”意愿的影响因素研究[J]. 管理学报，2017，14（12）：1847-1854.
[77] Sia A P，Hungerford H R，Tomera A N. Selected predictors of responsible environmental behavior：an analysis[J]. The Journal of Environmental Education，1986，17（2）：31-40.
[78] Meneses G D. Refuting fear in heuristics and in recycling promotion[J]. Journal of Business Research，2010，63（2）：104-110.
[79] Goudie A S. Human Impact on the Natural Environment[M]. New York：John Wiley & Sons，2018.
[80] Wang J M. The dimensional structure of environmental sentiment and its influence on the behavior of carbon emission reduction[J]. Management World，2015，12（8）：82-95.
[81] Zhu H. Environmental knowledge，risk perception and youth environmental friendly behavior[J]. Contemporary Youth Research，2017，（5）：66-72.
[82] 王刚，宋锴业. 环境风险感知的影响因素和作用机理——基于核风险感知的混合方法分析[J]. 社会，2018，38（4）：212-240.
[83] 王建明，王俊豪. 公众低碳消费模式的影响因素模型与政府管制政策——基于扎根理论的一个探索性研究[J]. 管理世界，2011，（4）：58-68.
[84] 杨智，邢雪娜. 可持续消费行为影响因素质化研究[J]. 经济管理，2009，31（6）：100-105.
[85] Ajzen I，Madden T J. Prediction of goal-directed behavior：attitudes，intentions，and perceived behavioral control[J]. Journal of Experimental Social Psychology，1986，22（5）：453-474.
[86] Kiriakidis S P. Application of the theory of planned behavior to recidivism：the role of personal norm in predicting behavioral intentions of re-offending[J]. Journal of Applied Social Psychology，2008，38（9）：2210-2221.
[87] Phulwani P R，Kumar D，Goyal P. From systematic literature review to a conceptual framework for consumer disposal behavior towards personal communication devices[J]. Journal of Consumer Behaviour，2021，20（5）：1353-1370.
[88] Guagnano G A，Stern P C，Dietz T. Influences on attitude-behavior relationships：a natural experiment with curbside recycling[J]. Environment & Behavior，1995，27（5）：699-718.
[89] Bandura A. Social cognitive theory：an agentic perspective[J]. Asian Journal of Social Psychology，1999，2（1）：21-41.
[90] 陈绍军，李如春，马永斌. 意愿与行为的悖离：城市居民生活垃圾分类机制研究[J]. 中国

人口·资源与环境，2015，（9）：168-176.

[91] Armitage C J，Conner M. Efficacy of the theory of planned behaviour：a meta-analytic review [J]. British Journal of Social Psychology，2001，40（4）：471-499.

[92] Zeithaml V A，Berry L L，Parasuraman A. The behavioral consequences of service quality[J]. Journal of Marketing，1996，60（2）：31-46.

[93] Chen Z，Wu Q Y，Wu G X，et al. Centralized water reuse system with multiple applications in urban areas：lessons from China's experience[J]. Resources Conservation and Recycling，2017，117：125-136.

[94] 曲久辉，赵进才，任南琪，等. 城市污水再生与循环利用的关键基础科学问题[J]. 中国基础科学，2017，1（2）：6-12.

[95] 李五勤，张军. 北京市再生水利用现状及发展思路探讨[J]. 北京水务，2011，3（8）：26-28.

[96] Sheeran P. Intention—behavior relations：a conceptual and empirical review[J]. European Review of Social Psychology，2002，12（1）：1-36.

[97] Johnstone L，Lindh C. The sustainability-age dilemma：a theory of（un）planned behaviour via influencers[J]. Journal of Consumer Behaviour，2018，17（1）：e127-e139.

[98] Fu H L，Liu X J. A study on the impact of environmental education on individuals' behaviors concerning recycled water reuse[J]. Eurasia Journal of Mathematics Science and Technology Education，2017，13（10）：6715-6724.

[99] 周全，汤书昆. 媒介使用与中国公众的亲环境行为：环境知识与环境风险感知多重中介效应分析[J]. 中国地质大学学报（社会科学版），2017，17（5）：80-94.

[100] Hussain B，Naqvi S A A，Anwar S，et al. Zig-zag technology adoption behavior among brick kiln owners in Pakistan[J]. Environmental Science and Pollution Research，2021，28（33）：45168-45182.

[101] Agogo D，Hess T J. "How does tech make you feel？" A review and examination of negative affective responses to technology use[J]. European Journal of Information Systems，2018，27（5）：570-599.

[102] Tsai J M，Cheng M J，Tsai H H，et al. Acceptance and resistance of telehealth：the perspective of dual-factor concepts in technology adoption[J]. International Journal of Information Management，2019，49：34-44.

[103] Wang Y，So K K F，Sparks B A. Technology readiness and customer satisfaction with travel technologies：a cross-country investigation[J]. Journal of Travel Research，2017，56（5）：563-577.

[104] Hung S W，Cheng M J. Are you ready for knowledge sharing？An empirical study of virtual communities[J]. Computers & Education，2013，62：8-17.

[105] 赵庆，施国洪，邵世玲. 技术准备度对移动图书馆服务质量的影响机制研究[J]. 图书情报工作，2015，59（17）：33-40.
[106] Ali S，Ullah H，Akbar M，et al. Determinants of consumer intentions to purchase energy-saving household products in Pakistan[J]. Sustainability，2019，11（5）：1462.
[107] Hair J F，Black W C，Babin B J，et al. Multivariate Data Analysis：A Global Perspective[M]. 7th ed. Upper Saddle River：Person Prentice Hall，2010.
[108] Simpson J，Stratton H. Talking about water：words and images that enhance understanding waterlines report[R]. National Water Commission，Canberra，2011.
[109] Hou C，Wen Y，Liu X，et al. Impacts of regional water shortage information disclosure on public acceptance of recycled water—evidences from China's urban residents[J]. Journal of Cleaner Production，2021，278：123965.
[110] Price J，Fielding K S，Gardner J，et al. Developing effective messages about potable recycled water：the importance of message structure and content[J]. Water Resources Research，2015，51（4）：2174-2187.
[111] Fielding K S，Roiko A H. Providing information promotes greater public support for potable recycled water[J]. Water Research，2014，61：86-96.
[112] Baumann G，Mueller P. A molecular model of membrane excitability[J]. Journal of Supramolecular Structure，1974，2（5/6）：538-557.